# 人工智能的困境：
## 认知发展的可理论化分析

姜　涛　著

科 学 出 版 社

北 京

# 内 容 简 介

直面人工智能发展困境，本书从人工智能哲学、认知哲学和心灵哲学的角度分析机器是否可以具有认知发展能力。开宗明义，作者给出认知发展的核心是认知主体可以不断建构其概念体系这一看法，将能否产生概念作为衡量某一主体具有认知能力的标志。进而，比照概念表述的核心结构——符号及其诠释，作者依次从本体论、认识论、方法论三个哲学层次阐述现有数学工具、描述手段以及理论物理计算机将无助于使机器实现产生概念与理解概念的能力，故而现有的各类机器不会具有认知能力这个核心观点。之后，基于对认知发展过程的不可进行形式化描述的结论，作者对理论计算机科学、仿人机器人的认知发展、机器视觉以及神经计算科学所宜秉持的研究方法论做了具体讨论，提出了相应的研究策略。

**图书在版编目（CIP）数据**

人工智能的困境：认知发展的可理论化分析 / 姜涛著. —北京：科学出版社，2024.6

ISBN 978-7-03-078535-0

Ⅰ.①人… Ⅱ.①姜… Ⅲ.①人工智能-研究 Ⅳ.①TP18

中国国家版本馆 CIP 数据核字（2024）第 098938 号

责任编辑：王 哲 高慧元 / 责任校对：杨 赛
责任印制：师艳茹 / 封面设计：迷底书装

科学出版社 出版

北京东黄城根北街 16 号
邮政编码：100717
http://www.sciencep.com

北京天宇星印刷厂印刷
科学出版社发行 各地新华书店经销

\*

2024 年 6 月第 一 版 开本：720 × 1000 1/16
2024 年 6 月第一次印刷 印张：11
字数：224 000

定价：98.00 元

（如有印装质量问题，我社负责调换）

# 自　序

欲图分析认知主体，首要的问题便是定义何为认知能力。出于这种认识——认知的本质是发展，标志即是概念体系的发展，作者选择概念的产生能力作为衡量主体是否具有认知能力的判据。其原因在于：人类的智力活动的表述是建立在某一概念体系之上的；人们获得对外界的理解需伴随其概念系统的不断获得与发展；人们要互相理解也是要在某一个至少相容的概念系统下来进行。

作者建立了概念的基本的结构，即某一概念为符号与对符号的诠释的二元体。据此，我们便可以考察能否使得一个机器具有这种简单的概念结构，即同时获得符号与诠释。核心的观点为：一个理解概念就一定意味着自己可以产生这一概念。

首先，我们对具有概念体系发展能力的主体进行其本体论背景的反思。核心的观点如下。①世界的不可还原性导致认知层次不可还原为更低的层次，如物理层次。心灵并非是只具有物理层次的事物，世界上的层次是不可以去除的。对心灵的还原在物理层次上无法实现。②存在更高的认知层次。③心灵是认知层次上的事物，而概念则是这个层次上的产物，而非更低的层次，如生命层次、非生物化学层次、物理层次等。④建立概念体系是心灵理解事物与彼此理解的关键。因此，我们将概念产生的能力作为心灵的本体论核心论点。

接着，我们考察可以用来描述概念发展过程的工具：数学语言、自然语言和意识状态。基本的观点包括如下。①对于形式化的数学系统，不会存在"产生规则的规则"这类自指性命题。其基础是由哥德尔的不完备性定理来奠定的。②对于借助自然语言描述的概念，我们能传达的只有其符号，而对于意义的诠释只存在于认知主体之中。特别地，理解符号的过程就是诠释概念的过程。世界上的理解行为只发生在一个个的认知主体之内。③意识状态即为主体产生表达的状态；导致概念产生的过程为非意识状态，因此不可直接由表达过程来反映。这样，真正的意义是无法表达的。倘若不存在拥有理解能力的主体，我们留给这个世界的所谓知识充其量只是表达得巧妙的符号体或记号而已。

随后，我们考察各种可以利用的理论物理机器。对它们的结论包括如下。①符号机器（有限状态自动机）、概率论确定性机器、量子机器都不能实现概念的产生功能。②对于量子机器，若要将其用于双方对概念的理解，则需解决如何确保在所需的时刻能将两个机器进行态的纠缠，之后又可以进行隔离。③而对于可能存在的其他物理机器，如夸克机器，除了对其实现还为时尚早外，还有理论上的挑战，如怎样将某一夸克机器的状态保留、传送或复制给另外的夸克机器。

　　本书将对待人工智能的态度分为四种：计算主义、朴素主义、直觉主义与自然主义。我们简要分析了其各自本体论、认识论、方法论观点。其中，只有计算主义声称机器可以获得认知能力。而认知不可描述为形式化的系统，已经由符号产生的不可实现性在认识论讨论中被论证了。这反映了计算主义的观点既不符理性又不合直觉。

　　继而，我们考察了主要的各类人工智能系统其规则能否可以自行变化、其要求的实现所用的理论物理机器为何、其在现实中用作替代实现的物理机器又为何。基本的结论是：①尚未有可以改变自己规则的决定性系统；②尚未有可以利用的非决定性物理机器。这说明，现有的人工智能主张无法实现具有符号产生与概念产生能力的标志性的认知行为。

　　基于认知不可由形式化、确定性系统（包括概率意义上的确定性系统）来实现的核心结论，我们对四个研究领域提出相应的研究重点或研究策略。①理论计算机科学：量子机器的可计算性；理论物理机器的可实现性；对概率系统、随机系统的模型论表示方法。②机器的认知能力：放弃研究认知发展机制的研究目标，端正我们设计机器的目标为去复现人类对已可靠解决的问题的解决方法；重点关注如何分析人在既定环境中的认知行为中的确定性因素，并发展对其更好的描述工具、更自然的编程手段与人-机界面实现方法。③机器视觉：放弃让机器去识别新的目标的不可行的研究目标，回归至依赖算法去复现人的确定性智力结果的理智之举。④认知科学：确定神经认知科学的研究目标为发现干预认知活动的手段并预测与评估其结果；利用分子手段，参考系统生物学的研究主张从而建立一种系统神经科学的研究模式去探究基本认知活动的神经基础；探索离体的神经系统是否可以离体工作，之后设计出受离体神经控制的机器，由它们去探索这种复合系统是否能具有认知发展能力；通过观察脑在非意识过程中的行为来理解认知的发展，如概念的形成、意识状态的出现。

# 前　言

## 1. 动机

本书考察这一基本问题：认知发展能力如何能被理论化继而可以被何种机器实现？对于认知能力，作者认为可以先选择概念的获取能力为其标志，因为其关乎认知的发展，而认知的发展可视为认知行为的实际存在形态。所谓理论化，即是指包容逻辑与数学运算的形式系统。所谓机器，则限定为物理机器，即只依赖物理机制进行工作，其中不涉及诸如化学过程、生化过程等的纯粹物理系统。

## 2. 内容便览

1）第一部分：对自我的宽容——自己的主张

其中，第 1 章用以展示作者的理论体系的要点，第 2 章～第 4 章则为对该理论体系的展开。

（1）认知与概念产生。

首先论述问题的提出与存在依据；接着描述理解、使用概念所涉及的体系；最后，简要表明自己的主张。

（2）本体论。

认知系统的基本结构，即最小范式。

作者将从整体论与不可还原性、决定论的角度进行论述。

（3）认识论。

何种关于机器的描述系统方可能有认知能力？

作者将从数学的可逻辑化、数理逻辑的主要结论来立足。同时讨论自然语言、理性、意识过程与描述认知过程的联系。

（4）方法论。

我们应该采取何种机器（即物理系统）去提供认知出现的可能，或是去探求认知现象？

将分析各类可以利用的理论物理机器对认知问题的解决可能性。

2）第二部分：对他人的尊重——历史观点与实践分析

分为两章，分别从对待机器能否或如何产生认知能力的观点和认知的结构如何模拟两个侧面对现有的主要研究主张和方法进行简要分析。

（1）对待机器认知的主要观点。

针对不同研究者对物理机器能否和如何具有认知能力这一问题的回答探讨，作者将各类主要观点区分为计算主义、朴素主义、直觉主义和自然主义四类，然后从本体论、认识论和方法论三个角度进行分析。

（2）认知结构的不同实施方法。

第 6 章作为对人工智能的实践尝试的分析，围绕认知结构如何建模这一核心问题对各类主要人工智能研究途径进行剖析和评述。作者将这些研究途径归类为符号主义、联结主义、自组织动力学方法、统计学习机器、自然计算方法以及混合系统方法。最后，对比分析各类方法对应的理论物理机器类型、对待认知结构的态度以及对信息的处理能力。

3）第三部分：对现实的投身——研究问题的前瞻

此部分分为四章，展示前面得到的观点和认识对相关人工智能研究领域的建设性的应用前景。其中，穿插了作者对相应研究的若干规划和设想。

（1）理论计算机科学。

第 7 章讨论围绕基础理论，关注的问题有如下几个。

①量子系统的可计算性。

②随机系统的可计算性。

③可变结构的产生可能性。

（2）机器的认知能力。

第 8 章关注认知机器人的存在性、相应研究重点问题的可能集，主要包括如下问题。

①可理论化的人的认知行为的集合范围包含哪些？

②如何从机器人-人的互动行为中去揭示"社会认知行为"中的确定性因素？

（3）机器视觉与人工智能。

第 9 章讨论如下问题：

①环境认知与分析的必要步骤与方法学；

②自动目标识别的可能途径。

③结合第 8 章和第 9 章讨论新的人工智能研究的策略和采取该策略我们将面临的挑战性问题。

（4）神经认知科学。

第 10 章讨论三个问题：

①如何寻找符号的踪迹？

②注意是如何形成的？

③神经科学的目的应该是什么？

### 3. 进行哲学研究的目的

哲学有两个重要使命：评价已有的研究结论，其中最主要的是去反思其蕴含的本体论、认识论和方法论；对未决问题进行率先的研究准备，其中最主要的便是去构筑适宜的概念体系。之后，理论性的科学方可以去寻求形式化的表示，如借助数学去寻求确定性。

作者认为只要是遵循诚实的原则，对研究状况或悬而未决的问题的反省可以先不求全责备。对于科学与技术探索，哲学思考活动更多的是作为一种必备的、严肃的前奏曲。对于困难的、难以认清、难以给出确切回答的问题，倘若不做好这样的哲学研究准备，我们难免在探索中或是迷惘；或是会徒劳渴望甚至最终导致偏执、难以返回起点，甚至丧失理性；或是将偶然的成功封为经验至宝、将试探主义的胜利树为不敢越雷池一步的唯一真理。

### 4. 对待哲学研究的态度

当对某一问题的科学研究或技术研究业已有了可行的适宜的研究策略，在可望取得可靠的研究结果之际，相应的哲学前瞻就应功成身退。哲学研究活动当以更无畏的方式转向新的目标、追求对自我的超越，去迈向更大的未知之境。

哲学不是去寻求永恒的确切，而是去寻求不断发展的知识的可能。哲学通过革新与抛弃自我来获得生命的意义、体现自我的发展。

### 5. 对本书的阐述结构的说明

本书将分成三个部分，附带的标题依次为对自我的宽容、对他人的尊重、对现实的投身。三者分别围绕自我的理论体系的阐述、对他人的工作的分析、对相关科学研究与技术探索的前瞻这三个主题进行。

在对自我理论体系的阐述中，我将不对他人的相关工作进行引用、分析，以求让读者集中精力对我的说法进行分析与批判。所谓对自我的宽容，即是采取一种不去一蹴而就追求完美的态度，并珍惜自己的"才华"（即我目前认为是所谓的新思想与新颖的言语表达方式），通过允许自己犯错来促进理论的尽快发展。然而，对自我的宽容并不代表对自我的放纵。我努力拷问自己的想法，不敢对读者的理性有一丝不尊重。

对于他人的工作，我怀着处处尊重的心情来进行分析、批判，故以"对他人的尊重"作为第二部分的标题来表示我对这些思想与探索活动的敬仰与谢忱。同时我竭力以历史的眼光来对待它们。本书中，我对他人的相关工作将只作出极为简要的分析。但请读者不要把这种方式认为是我的一种自大行为。我实为不敢亦不愿评判他人优秀的、富于创造的杰作。

　　我在前面提及自己把哲学的分析作为对科学与技术探索中的未决问题的前瞻研究。若不是这个我所关心的问题无法一下子从数学理论、技术系统上进行探索，基于自己并无正式哲学训练的自知之明，我是徒然不敢进行这番哲学探讨的。所以，我目前对待哲学的态度是自然哲学最好是去迅速回应科学与技术的实践结果、成为帮助它们探索新问题的有用的知识或工具。否则，只凭考证过去的经籍，我担心自己变为研究编年体哲学的史学家、抑或着力关注文献间关联性的诠释家，不去直面现实中的尖锐科学问题，寻找新的解决途径。哲学活动于我看来最重要的是勇气，即是提出理论又敢于迅速抛弃旧有的前瞻设想、判断与预设（因为它们已让步给了理性指导下的实践活动），去迎接新的科学、技术、伦理、社会问题的挑战。或许我的这种观点透出实用主义的倾向，但请读者原宥体恤，因为我起先关注的只是能否制造出具有认知发展能力与行为增进潜力的机器来。

# 目　　录

## 第二部分：对他人的尊重

# 第三部分：对现实的投身

# 第一部分：对自我的宽容

# 第 1 章　认知与概念产生

## 1.1　问题的提出与存在依据

什么是认知？对此，我们需要先给出一个定义、抛出一个隐喻，或是设定一个标志。或许从标志谈起，我们的论述会更容易些。

什么是理论？理论的表观结果就是符号化的表述，且这些表述最好是以形式化的方式来体现。这里，所谓符号化是指我们可以用符号来描述理论所要表达的内容；所谓形式化是指我们可以对该理论的符号化表述的全部建立一套符合公理化要求的规则系统。

什么是机器？机器就是可以被理论化的现实世界的极限。囿于这些极限，我们可以创造出可以改变或塑造现实世界的工具集，或者宽泛地说，可造就未来现实世界的现实手段。这就意味着我们至少可以定义两类机器：可以符号化表述的机器和可以形式化表示的机器。

### 1.1.1　问题的背景

我们知道，经过思考有时会产生新的概念和看法。但是，我们尚不能确信：能否让机器具有此类认知能力。通过反思，我们不仅可以明白这些概念的外在表达方式为何，还能会意出其有何寓意。在人际交往中，抑或在对科学问题的探讨中，头等重要的事情便是去向对方解释自己的概念。一个机器或许会偶尔处于一种令它的设计者事先既没有预料、事后又难以自行解释的状态，碰巧它给观察者展示出一种新颖的行为结果。但此时我们不敢断定：这个机器产生了概念。因为对于自己的这种新的状态或行为，机器不能给我们提供一个合理的解释。基于这些情形，我们可以提出这一认识——概念的名称必然连同对它的解释被创造它或使用它的主体（人、动物或机器，或者其他可能的个体）所具有，即总是同时一并拥有。

以上的分析还直接说明了当前的机器与人的主要区别表现在：机器没有创造概念的能力。这里创造概念就意味着个体能理解某个由自己新给出的概念，并能向他者（如人或是机器）阐述这个新概念，以期获得他者的理解。由之带来的问题是个体（无论人还是机器）在不具备创造概念的能力的前提下是否可以理解概念？我想恳求读者先考虑一下我对此问题的态度：无任何事物或个体可以不通过创造概念来理解概念，即便是去理解他者提出的概念。

## 1.1.2　问题的其他提法

机器能否思考是个众人皆感兴趣，甚至都愿对之发表意见并经常勇于坚持己见的问题。为了避免给出似乎斩钉截铁、实际却不免草率的回答，我们不妨先换个其他的说法来对待这个疑问。此问题首先可转变为：什么类型的机器可以思考或者什么类型的机器可处理、解决何种程度的问题？遍布此书，我们的问题乃是：什么样的机器可以具有概念？我想事先向读者传达我的这样一种信念或看法：符号乃是概念在个体交流中的表现与载体。概念倘若用于个体间的讨论，就至少包含了其对应的符号的解释。我将其称为诠释。于是，概念之传达与诠释就同样关乎于符号与语义这一问题。进一步地，对于人类的概念体系，尚未见到最基本的概念，别的概念皆是因其兴起；最常见的形态却是概念之间互相依赖，彼此互为解释。这即是概念体系的一个显著特点：概念是不可还原且互为依赖的（表示主张 1，记为 $M_1$，后面略同）。在交流中，符号与其诠释对某个交流方而言可以视为脱离，可是这只在符号的传递中发生，并非是在对其的理解之中。在对符号的理解活动中，符号与其诠释是并存的、不可分离的，而诠释是允许不断变化的。

认知的本质是否就是个体会不断发展其认知能力，包含对概念的创造和理解能力？若认可"认知即发展"这一本质，是否就可以将认知活动的目的归结为出于思维考察认知处理结果时的经济性而不断追求新概念的产生与概念体系的重构？

倘若我们对世界持这样的看法——任何对象都可以有其存在的可被观察反映的现象（称为具有结构的对象），那么，我们是否可以这样定义：认知的本质，就我个人意义上所谓基于思维的经济性进行取舍，就是具有这种能力的个体改变了自身原来的样子，即结构？作者的认识是认知的本质是发展认知能力，标志即是其概念体系的发展。

在这里，我们不用考虑这个事物与其结构的关系。请不妨从观察者的角度来认可如下看法：事物的结构就是其本身的存在；事物结构的变化就是其认知行为或创造行为的体现与出现缘由（$M_2$）。这样的一个定义稍显宽泛，兴许会令读者心头拂过一丝这样的念头：似乎任何变化都是认知行为存在的印证。我给这类变化附加的限定乃是对一个事物其经历过的处理其他事物的方式的变化，即当其结构发生了变化之后，其不能返回故往之态。当一个事物的结构发生了变化后，无论去表达自我或是去与他者进行交流，需使用新产生的符号。这里，产生符号意味着个体获得了新的概念名称与对其的诠释。我们可把概念的名称称为符号。

回至最初的问题，即机器能否思考，对我而言，问题不妨表示为现有某些类型的机器能否拥有概念或产生符号的能力？更进一步地，何种机器可产生符号？这里，我们对机器先限定为物理机器，即只依赖物理机制进行工作，并不涉及化学过程、生命过程的物理系统。

上述问题实际涉及如何构造一个理论，用于解释就我所言的认知，借其来使我们进入对认知发展行为作出一种理论化的说明的序曲。这首先带来的问题是认知是否可以理论化？即符号产生的命题是否可以理论化表述、可否以理论化的方式来解决？这里理论化的含义是指仅凭基于逻辑与数学运算的方法。

## 1.1.3　这样进行提问的原因

我们以上述方式来提出待讨论的问题。其动机是使关于机器能否具有认知能力的讨论能够简单并可持续进行——先简化这类问题，从而可以缩小讨论的范围以期后续复杂的讨论或研究能建立在可讨论的基础之上。我们不妨先寻求使机器具有理解概念的能力。考察机器的概念的产生行为可能性不妨先给出上述这两种问题的试探性的回答。对于前者，我希望回答是确切的；而对于后者，我期望是富有指导意义的。至于认知科学本身的研究，我是怀着十分尊重的心境，甚至羡慕的神情来拥抱的。它们创造了真正的科学事实，为哲学的思考指出了应该逃离的区域；它们促进了哲学存在的意义，即不断革新发展原有的观念。我仅以对这些问题的哲学探索作为后续科学研究与工程设计的一段前奏，而无他意。

我认为首先对研究的目标进行确认，继而对之进行哲学式的批判是诚实研究的基础。我将其称为理性的方法。其虽保守，但不易导致纯粹盲目的试探。又则，我认为，选择研究目标中的标志性问题进行解决，才是理想的解决途径。这与先解决外围，再攻其要害的策略可谓大相径庭。我还有个观点乃是关乎治学的态度：如果不是出于他人的原因，给自己的工作起个更小、更具体的名称其意义远胜于过度的夸大。这会让我们的工作看起来更加名副其实。

## 1.1.4　小结

窃以为，机器能否思考的问题可以首先归结为何种物理机器可以具有认知能力这一命题；而作为认知能力的标志可以先选定为一个个体是否可以获知概念与理解概念。只有具有形成新的概念的能力的个体才可以认为是具有认知能力的，因为该个体的认知结构可以得以发展。没有认知的发展就没有认知能力，因此没有对概念的创造能力就不会表现出认知行为。一个概念实际上包含了用于表征概念的符号和对其的解释部分（即诠释）。于是，考虑机器能否自行获得符号即是一种机器是否具有认知能力的通俗判据。这表明：倘若某一类或某一个物理系统自行提出一个记号作为一种符号用于表示其获得的一个概念，我们自然会要求它能够提供一个诠释，用于向我们解释它所使用的这个符号代表着什么，它提出的这个概念意味着什么。只有建立了这种理解之后，我们方可更进一步明白它究竟要用这个符号来做什么。

## 1.2　概念的体系

### 1.2.1　从符号到概念

在前面问题的引入部分，我阐述了把概念体系的建立与发展、抑或概念结构本身作为认知能力的标志这一主张的理由；并且，我们必须得承认，在概念体系中符号及其诠释是不可或缺的。一个认知主体必然在其有意识地使用某一符号时有所指，即有相应的意义、事后解释的可用诠释。否则，这个主体一定要为这个符号找出一个意义上的理由，或是意图上的指向。在这里，我们把意义或是意向先不作区分，均视为某种诠释[1]。

在做分析之前，我们先分析一下符号与语言、表达形式的关系。这里，我们不把符号作为语言的必需表现形式。我们把语言定义为两个个体间发生的一种信号交流行为，如自然语言、机器的形式语言、音乐声响、舞蹈姿态等；而当某一表达只被某一个体独自使用时，可以认为其便是未经表达给其他个体的符号，或者一种我们分析此个体的认知行为时的本体实在意义上的假定。

我还坚持这样一种认识：概念结构的获得不必以自然语言的事先具备为基础，或者更准确些，以自然语言能力的业已发展或展现来作为前提[2]。

下面我们考察概念体系的要素。

### 1.2.2　结构的形式

我们先不考虑符号或符号形成的结构（即语言），所指向的行为"意图"，因为若是这样，这个不可分的二阶的概念结构（$A = \{$符号（$L$），诠释（$E$）$\}$），符号和诠释便与行动形成了关联，即有 $A_1 = \{$符号（$L$），意义（$M$），意图（$I$）$\}$，对于自然语言便是包含了语法、语义与语用的三个层次的一种三阶结构。这使得问题复杂化了，因为我们得考虑是否存在这些情形：如我向你发出某个声响、做出某个肢体动作，算不算给你传达了一些符号？这种表达方式是否没有意义，但另有所图？倘若我们把符号看作一种个体可以感知、辨认、做出的信号，那么该信号的意义必是先存在，而后方可讨论其用途。于是，我们在后面只讨论符号及其对意义的诠释问题，因为只有有了这个前提方可讨论更复杂的使用情境下对意义的诠释，即容纳了意图、效用等在内的语用 [3]。

## 1.2.3 二阶结构的必要性与合理性

设有个愚钝的、直接的、脑筋不会转弯的质朴的"思考者"，揣摩别人的意图（$I$）似乎对于他经常会显得十分困难、难以琢磨。于是，这个"思考者"出于自己理解的方便、生活的简单化，不去理会别人的意图，只是去理解别人话语的意思，他追求一种直接的、朴素的生活。在他的概念体系中，就只有 $A_0 = \{$符号（$L$），意义（$M$）$\}$ 这种两层的结构。他若不遇到骗子也是可以无忧无虑地生存在这个世界上的，虽不解幽默风情，但也躲开了尔虞我诈。倘若假以时日，此人逐渐开窍，对所听之言渐加仔细揣摩，最后竟也能面如止水却吐出耐人寻味的妙语。这时，此人便将 $A_0$ 升级为 $A_1$，甚至意图下更深刻的意图，如此层层设置陷阱，迷惑他人的判断，引诱他人的行动。于是，我们对于概念系统还会有三阶、四阶的，原则上不胜其烦的多层次的结构。然而，若无二阶的结构，三阶的、更高层的结构便是空中楼阁。这是因为：对于意图的觉察需回溯至当时的语境与适合的历史事件中，甚至继续与对方交流方能猜出；而这一段回溯的出发点乃是最直接的对符号或交流中获取的信号的意义的诠释。另外，倘若我们执拗于对意图的判断，对这种回溯并不加以时间或阶次的限制，则何时、何处会是个尽头？因此，本书中只考虑二阶的概念结构，即符号与对意义的诠释构成的体系。

## 1.2.4 单个心灵与多个心灵

在我论及心灵的时候，若不特指，我指的是某个具有认知能力的个体处于认知的状态之中，即处于可以使用概念、理解概念的行为之中。

我们先假定单个心灵的存在为多个心灵间互通的前提 [4]。这依然可以从概念结构的整体性得出。这样，我们可以避免一种莫名的"自组织"感觉：一种新的能力似乎由于个体间的互动可以无中生有。要知道单个心灵的存在并不是同一个集体心灵的投射之影。

当涉及多个心灵的交互时，概念体系被传送的仅为符号。符号并不携带意义同行。通过符号进行交流，最终目的只是对彼此意图的后续把握；而其（先可能）要涉及彼此对符号的意义的明确，却是在对方的启示下（根据当前给予的符号和后续追加的符号）自发完成的。其乃是去努力复现对方的符号所指示的概念及其当初的形成过程。当然，说与听的双方最后对概念的一致理解只能由其协同的行为结果来评定。

### 1.2.5　用符号去解释符号是没有意义的

在用自然语言交流时，表面上我们使用符号（词语）去解释谈及的概念/名称，即某些特定的符号。然而，使用符号去解释符号只是为了促使对方或自我能形成对这一符号的理解。理解起先只能是自知的。若要达到知晓或确认别人的理解，我们需要寻求新的提问或要求对方给出另外的表达方式或做出我尚未提及的解释。如果我们认为不借助语言只借助眼神，人们之间的交流也能达成一种理解之境，那么，交流于此时已经不需借助语言了。心灵间互相理解，或者无声动物之间的沟通与理解，必有一个可分享的基础。这似乎需从彼此分享的生物机制的远近亲疏中去寻找。从人类的文明史来看，人们对其他人类成员、动物的理解远远多于且其理性程度也远远大于对物理世界、化学世界的天生的理解能力。似乎人们对事物的可理解程度遵循着这样一个顺序：人、动物、植物、化学过程、物理过程、宇宙的变迁（如天文、气象等）。所以，早期的文明中的人类对于非生物的事物，如气候变化、天文的特例等，心存理解上的隔膜，遂致行为上的恐慌。

### 1.2.6　小结

我们对概念结构 $A = \{符号(L), 诠释(E)\}$ 的考查可以只围绕 $A_0 = \{符号(L), 意义(M)\}$ 来进行。我们认为只有具有形成这种概念体系的能力的机器方才有认知事物的可能。因此，我们把它作为认知的本体论的支点。

## 1.3　自己的主张

认知的特征是发展，发展的标志是产生概念。其发展的是对世界和自身构建理论的能力；而各种理论的形成、突破、推陈出新均需从概念体系的构建出发。理解概念就一定意味着自己产生这一概念。概念的最小结构是符号与其对应的诠释。对于概念，我们能传达的只有其符号；而对于意义的诠释只存在于认知主体之中（$M_3$）。特别地，理解符号的过程就是诠释概念的过程。世界上的理解行为只发生在一个个的认知主体之内（$M_3'$）。如果不存在具有理解能力的主体，我们留给这个世界的所谓知识充其量只是表达得巧妙的符号体或记号而已。

我们可以从直觉上得到此种判断：任何形式化系统都是确定性的（$M_4$）。从前面的主张 $M_1$，结合 $M_2$，进而，我们会有这样的推论：任何形式化系统都不可能产生新的符号、概念，因为其具有确定性的结构，这个确定性的结构指的是其总存在一个不允许变动的符号集、规则、公理本体（$M_5$）[5]。任何确定性的系统或以确定的方式互动的多个确定性的系统，注定产生不了其规则上的变化。我们留给这个世界的知识，一旦做出就是一种确定性的描述，一个关于确定性操作的说明书。依据这个说明书工作的确定性的物理机器只是在复现我们经验中的确定性那一部分，何况这种复现并非总能成功。当然，我们可寄希望于利用机器的失控、犯错来获得意外的进步，甚至其能力的发展。然而，一方面，这些失控、错误造成的后果我们是不能预料的，也是不敢确认接受的；另一方面，机器对其的失控、错误同样没有预料的、也不可能会对其做出实质性的解释。我会在后面内容说明其缘由。

如果我们已经认为上述的主张（$M_5$）是自明的，并且用"结构"来表示系统中的不可变更的部分，那么，系统的结构自然是确定的。于是，便有了这样的问题：确定性的系统是否可以产生新的概念？由于认知主体的认知结构决定了其当前的概念体系，那么，当该结构是确定的时候，自然对应的概念系统就是确定的。考虑主张 $M_1$（概念在其概念体系中是不可还原且互相依赖的），增添新的概念必然要涉及其与已有概念间的新的关系的增添以及对整个概念体系的重构。在这种意义上，我们只能得出结论：当系统的结构不发生变化时，新的概念体系不会得以重建，自然不能产生新的概念。

倘若我们所能拥有的或只敢拥有的物理机器只能是确定性机器，那么机器注定是无法获得认知能力的，因为它的结构是可以形式化的。迄今为止，我们可以利用的随机的物理机器只有量子机器，然而我们利用的是它的并行性，我们竭力避免的恰恰是它的随机性或必定受测量干预的不确定性。为了反映出认知主体对其概念的最小体系的整体性，即符号与其诠释的俱在性，似乎只有依靠夸克物质的物理机器方能胜任。然而，事物的层次性实际蕴含了不可还原性，因为真实的世界是进步的、不可逆的、没有演绎意义上的因果性。目前，我们尚未具有造出非生物的认知主体的理论，故而提高认知的能力或获得更高认知能力的事物的最可能的途径便是进行生物学上的干预。然而，若是这种干预的后果不可预料，就只能凭实践提供事后反省的素材，如果在实践后我们还有反省的余地。

人工智能或者其相应的物理机器的研究不妨把其目标定义得更确切些，研究、发现人类认知活动伴随的行为上的确定性，并将之进行形式化的表达，继而用高效率的机器实施对它们的自动复现。不如此，寻求对认知活动的全部理解的计算认知学将只能是建在空中的楼阁，当然我们可以使用计算的手段去增加对认知行为的理解。认知不是可以计算的，即使使用量子机器，因为认知活动乃是为了创造、为了改变原有的规则、为了产生脱胎换骨的结构性和体制上的变化。神经认知科学的研究是为了寻求对认知活动的干预途径，而非去揭示出所谓的认知机制。凡可当下得以揭示者，似乎均不是认知行为本身。这表明：存在这样的事物，如认知能力，我们永远或暂时不可能去理解它的缘由，但是我们能够干预它，虽然这个干预的结果是不可预料的。我们就是生活在这样的一个世界中，神秘与经验并存、机遇与风险比肩。

# 注　　释

1. 应当承认，这种"诠释"的措辞易将意义、意向（语用）混为一谈。此外，从意义上还可以有对于真值的判定（Weisberg，2006）；而意向等则涉及语境，直至个人经验的利用。这样，诠释至少包括了两种语言理解的不同程度。

2. 这种观点可由 Mandler（2007）的心理学研究工作进行初步的印证。

3. 对于意图（$I$），我认为其必是与符号的语用关联。如果要揣摩对方的意图同时避免自己的意图被轻易识破或者逼迫双方只使用最小阶数的意图，最佳的理论解释便是去寻求博弈论的启发（Jaegher，2005）。

4. 我的这一观点与米德（2005）、Wilson（2004）不同。二人均认为心灵只有在集体的或文化的互动中才会存在与发展。

5. 在很长一段时间，我以为从哥德尔的不完备性定理中可以推论出该主张。实质上，哥氏不完备性定理所蕴含的是对于算术系统这类形式系统存在着一类自指性命题，其是不可以被该系统证明的、也是不能被反驳的。遂称该系统是不完备的，并称该类命题对算术系统而言是不相容的。至于是否还有其他类型的命题是否对算术系统是不相容的，该定理并未立论。可以看出：像"改变既有规则的规则""生成新的形式系统的形式系统""改变自我的自我"，这类我们期待可借以赋予机器具有自我进步、认知发展能力的主张，它们实质上都属于自指性的命题。倘若认为认知的发展、自我的进步本身就是完成一次自指性命题的证明，那么，对于形式系统相同而言，则是勉为其难的。何况，认知的每次发展，都令自我实际已经改变，只是从认识论或构造理解世界的理论的角度，我们对于世界的区分，时常需要一个关于连续的、唯一的自我存在的假定。反观自然界，进步的本质是推陈出新，我们对此也有朴素的直觉。可是在实际的日常讨论中，一旦诉诸依赖于形式化理论工作的机器，我们就将这个朴素的直觉忘却了。所以，即使自指性命题的解决是系统认知发展的核心，以形式化的理论建立起来的机器也对此毫不相关、爱莫能助。

# 参 考 文 献

米德 G H. 2005. 心灵、自我与社会. 赵月瑟，译. 上海：上海世纪出版集团.

de Jaegher K . 2005. Game-theoretic Grounding//Benz A，Game Theory and Pragmatics. London：Palgrave Macmillan：
　　220.

Mandler J M. 2007. Foundations of Mind：Origins of Conceptual Thought. Oxford：Oxford University Press.

Weisberg R W. 2006. Creativity：Understanding Innovation in Problem Solving，Science，Invention，and the Arts.
　　Hoboken：John Wiley & Sons.

Wilson R A. 2004. Boundaries of the Mind. Cambridge：Cambridge University Press.

# 第 2 章 本体论：需要坚持的结构

## 2.1 层 次 观

### 2.1.1 世界

我们不妨把可想象的，继而可审慎考察、可观察、可干预与控制、可创造的全体称为世界。这些均可作为哲学分析的对象。当然，对于哲学的研究，其似乎更合适的是去进行艰苦的想象，继而对想象出的事物进行审慎的判断，以形成对新的概念体系的创造，即发展出看待事物的新方式。因此，我们可以说，从哲学的观点看，世界的本体即是以一种最具思维经济型的方式对世界存在状态所作的假定，并且这种假定必须贴合我们目前的实践结果。

### 2.1.2 看待世界的两种方式

我们暂且只讨论两种关于世界存在的代表性看法。

1. 还原论

这种观点认为，世界是普遍联系的，世间万物都遵循同一规律。我们不妨把这个规律称为物理规律。所以，世界上的事物都可以在这个规律对应的概念范畴内描述和讨论；世上万物皆为物理存在。

然而，从我们认为的存有不断发展可能的世界出发，我们难以把事物进行全部的归结，因为这样做毫无意义也毫无用处，至少我们无法判断世界未来的样子。世界是在创造中发展的，在世界上生存不会有回头路。例如，新近出现的量子器件、相干存储器，或者你今日方有的某个新想法，方才做出的一桌饭菜，把这些都归结到统一的、决定性的物理世界，还不是要让物理世界"压垮"？这实际上是犯了层次混淆的错误和思维的懒病——认为世界本身没有层次，只有物理意义上的存在。

2. 层次观

与还原论截然相反，层次观认为世界是以多个层次来存在和发展的。某一个事物应当居于某个层次，故而，我们对事物的分析需建立在其存在的层次之中[1]。当我们谈及某事物时，最恰当的是决定它在哪个层次，而不是将不同层次的事物混为一谈。层次之所以存在，就是因为不同的层次包含了不同的事物。不同的层次的事物属于不同的概念范畴。它们在本质上是不一样的，是彼此无法完整替代的，这里"本质"一词蕴含着同一层次中的事物具有最大限度的互动或沟通能力，而不同层次的事物则无法越过层次直接进行沟通。

层次观还反映出我们以发展的眼光看待世界，世界的层次在不断构建，世界的未来难以限制，因为世界处于不断变化之中。

我们需要各个层次的理论，我们甚至一直在利用着属于各个层次的实体去构筑人类的生活、去不断改变世界的存在。

### 2.1.3 层次观的要义

本书不去描述我们提出的层次观的整个理论，只去讨论其与我们讨论认知发展问题的相关要点。

用图 2-1 来表示在本书中所提出的层次观的思想。

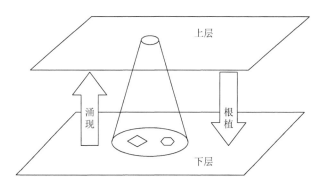

图 2-1 层次观要点示意

首先，我们认为世界是以层次化的方式存在的，并且层次之间有上下的分别。高一层的个体是由低层次里的个体相互作用而构成的。在每个层次内，个体之间的相互作用关系可以用一个自洽的理论或概念体系来描述。仅对于相邻的层次方会存在或才有意义去考虑其两种作用机制，即下一层个体对上一层个体的涌现（emergence）行为和上一层个体对下一层个体的根植（grounding）过程。高层个体的出现是由低层个体的涌现行为所导致的，但其坍塌或消逝并不取决于低层的涌现。另外，低层个体的存在却会间接地受制于高层的根植过程，尽管其彼此的作用方式不会完全受高层影响。我们在后面会提及：涌现和根植都是描述性的概念，这两种机制都是非决定性的。

上面一段话解释了几个主要的问题：①层次的含义；②同一层次内个体间的关系和描述可能性；③相邻层次间的上行和下行两种关系；④新的层次出现或层次发生变动存在着一些潜在的机制。

下面，我们着重展示层次观里的几个核心要点。

1. 当下世界上的事物是分层的（本体论第一个要点，简单记为 $O_1$，后面内容略同）

我们可以把世界划分为多个层次，如物理层次、化学层次、生化层次和生命层次。每一层次中都存在相对应的事物，称为个体。重要的是上层的某一个体是下层多个个体的某种结构化集体。例如，多个原子形成分子、多个器官形成我们的肉体。此外，居于这种结构化的集体中的下层个体可以是一种统计意义上的存在。例如，一个社会组织由一群人组成，但很多时候其内部的成员可以允许变更、替换，其规模也会不断变动。当然，从还原论的观点你可以认为并不存在层次，存在的只是事物间的互动方式的变迁。但是，这只是一个认识论上的错觉，其原因我们在2.1.4小节来进行分析。

这也间接预示着，世界可以不断发展和变化，显著的是，世界的新层次可以不断在发展中被构建。当然，我们可以假定在世界的发展之初或者后续的某个阶段，世界没有层次或只有一个层次。

2. 层次间存有封闭性（$O_2$）

这似乎与我们的直觉相悖。对于相邻的两个层次，我们很自然会产生这样的认知——下层通过自底向上的涌现行为产生上层的状态变动，甚至产生上层的个体，而反过来上层也会通过自顶向下的根植过程来决定下层个体的行为。但是，我们不能说：下层个体可以直接作用上层个体，上层个体可以直接决定下层个体。原因在于：涌现实际上指的是下层个体的集体行为导致上层个体的状态或存在与否出现变动；根植则指的是上层个体的变动导致了下层（通常是在统计意义上）的集体行为。在上层眼中，下层的个体具有替代性，或者没有独立意义；在下层眼中，上层是无法直接接触和改变的，上层的个体是多个下层个体的某种结构化存在形式的代名词。故而，对于下层个体其并不会与上层个体直接作用。涌现行为导致出现的上层，其后续的对下层的逆向根植行为何以竟不会违背下层的"规律"，或者说这些统计意义上的集体行为对于下层所依赖的规律而言为何是"具有不确定性的"？另外，上层能激起下层的活动对于上层规律而言为何是"空白的"？甚至于，集体行为如何得以形成并达成同步也是下层规律所无法解释的。这些，都需依赖对个体间的行为来进行分析而可能会获得不同程度的洞悉。

### 3. 只有同层的事物方可彼此作用（$O_3$）

上述有悖于我们直觉的层次封闭性可以由这个限定来解决。直观地讲，仅处于相同层次的事物方能互相理解或彼此作用，才可建立起联系。所谓相同层次的事物方可互相理解，实际就是说"其类殊同，其心必异"。在说明关系的时候，我们需要注意不要发生层次的混乱。例如，你跟一个社会组织机构发生了联系，在某种意义上成为它的一员。实际上，不是你和这个组织直接发生了关系，而是这个组织的人可以与你建立或事实上已经建立起了各种为这个组织所特别限定的关系。例如，你问一个小孩子："最能理解你的心灵的东西是什么啊？"，她回答道："我的妈妈、爸爸啊！"；若你问她："长得最像斑马的动物是什么呀？"，她回答道："是小斑马呀！"[2]。如今，我们若要谈及机器是否可以理解人的想法，进而具备一颗似人的心灵，首先我们需要审视：这是否会如这个小孩子一样犯了概念混淆、范畴混乱的错误？

在对机器的讨论中，我们是加了一个物理机器的限定的。由于同一层次的事物间其彼此关联度最大，所以，原则上我们可以变通 Alan Turing 的关于通用机器的说法：一台通用机器可以理解其他的机器。联系我们关注的机器能否具有认知能力的问题，这便是说：心灵这种能力是否可以在物理层次上独立存在呢？是否物理层次中本就有认知现象的存在，本就表现出了体现认知能力的行为？这是我们在本体论中需考虑的核心目标。我们把心灵这种能力可以在物理层次上独立存在的假设称为第一个假设（简记为 $H_1$，后面内容略同）。

### 4. 层次之间具有非决定性

一方面，下层的规律对上层而言是非决定性的。下层的个体所遵循的规律并不能导出上层的活动必然出现。也就是说，导致上层的涌现行为是不可还原的。因为描述涌现行为的理论并不能有效跨越两个相邻层次。对于下层的个体而言，其在实施彼此间的互动行为的时候，不会以其作为组分的上层个体的更宏观的视野来协同行动。因为其不可能拥有上层个体的交互形式，也不可能拥有上层个体的所有组分的内部状态。尽管一个个体可以部分地模拟其他个体，但其绝不可能去完全替代另一个个体同时保持自己的作用。更不用说，一个系统内部的个体能够替代这个系统。

另外，上层对于下层的作用针对个体而言也是非决定性的，尽管其可以以概率的意义决定某些下层个体的存在方式。准确地，某一上层个体的根植过程其指向若干个下层个体。上层个体借由根植过程对下层个体的作用目标是有限的。其关注的是上层个体间的互动方式的有效根植。下层个体更多地被上层视为等价物、可替代物。它们的很多性质和彼此间的不同之处对于上层而言都是没有意义的。

也就是说，上层依然只能具有关于下层的部分知识，其对于下层的根植命令只能依赖下层个体的自治性去执行，而执行的结果是无法预知的，只能事后以概率的方式来预判。这也就意味着，下层的个体总是具备着上层无法限制的自由。倘若一个系统，上层个体可以直接作用于低层的任一个体，实质上，这个系统只有一个层次，注定无法完成复杂的任务，也基本上不会有更多产生创造之举的可能。

　　5. 层次起源于未被下层利用的性质

　　对于某个层次而言，首先，个体的"一叶障目"导致其并不具备对整体结构的认识，也就是说，其一方面不具备充足的对高层个体组成结构的认识，另一方面不具有对高层个体之间的互动行为的认识。其次，结构对个体的制约至少在"自然形成"的新结构伊始并不能被个体认识到。

　　那么，这些制约是如何变化的呢？主要原因是一些个体对制约的反抗、逃离或拥戴。这些结构化的性质更多地体现了一种统计性。例如，对比分子和原子，分子的相态性质是其内部原子性质的统计表现。

　　当然，上述说法会导致这样的反驳——既然这个性质属于某个个体，那么在这个个体形成的层次上，其为何无法被利用或描述？既然其不能被描述，又如何说这些性质是该个体的？对于此，我们的解释是，所谓这种未被利用的个体的性质实际上是指个体与其他的个体所共有的一种性质，其只能在个体作为成员与其他个体形成了一种结构后才能展现出来。我们也可以说这类性质是高层个体出现后其低层个体所展现出来的性质。

## 2.1.4　层次观的认识论限制

　　当下世界的层次性表明世界不是连续的，世界上充满着从认识论角度而言的层级隔离，充斥着许多难以讨论或可认知的地带。这是因为，所谓世界的本体依然是借助我们的认识对世界的存在形式所做出的一种假定。当我们对世界的本体做出了"层次论"的存在假定后，便会导致我们对世界上事物的理解习惯从其对应的层次出发，另外，既然不得不诉诸多个层次来论述世界的存在，那么我们自然无法从单一层次上来重构并把握世界。

　　然而，其更深刻的原因在于：对于不同层次的事物，我们对其进行认识构造的概念体系是不同的，故而无法跨层次进行转换。这也表明：概念体系之间实际上是独立封闭的。对于一个概念体系，当我们追求其逻辑的一致性的时候，必然会带来概念体系的封闭性。在这个符合一致性的逻辑体系之中，新的概念是不会允许存在的。其出现会立即导致逻辑上的冲突，破坏了原有系统的一致性。新的概念的获得就意味着新的概念体系被建立——要么原有的概念体系被改造（除了添加了新概念还意味着旧有的相关概念被适度改变），要么新的概念体系被创造与原有的概念体系在不同场合中被使用。对于某一个概念体系，我们不能指望可以得到"改变规律的规律"这类二阶系统。我们也无法理解和使用"改变概念的概念"这类词汇。可以进一步说：很多时候，面对世界的不同侧面和层次，我们所使用的多个概念体系之间是不兼容的。当按照层次观来认知世界的时候，我们会去构筑每个层次的概念体系。概念体系间的不相容、范畴相异这种认识论局限造成了我们对世界本体的层次观的"残酷真相"——无法跨过层次直接理解或关联居于不同层次的事物。

例如，对于我们在前面内容提到的相邻层次间的两种作用过程，无论涌现作用还是根植过程，层次论都是无法解决的，因为概念系统在各层之间是不兼容的。我们无法说明何种低层个体的行为可以完全导致某一高层现象的出现，也无法完全知晓高层的行为何以能诉诸对低层个体的准确调控从而得到实施。

我们借概念系统来描述世界的本体。当对世界持层次观后，我们所建立的概念体系便是层次化的。这样我们就只能抓住世界的某个层面去讨论它。我们进行描述时，各层均使用各层的概念系统，而概念系统本身就具有封闭性。在跨越不同层次时，我们要转换不同的概念系统，这必然会产生无法解释上下层之间关系的认识鸿沟。故而层次论会导致如下两个问题难以用决定论的方式来解决。①下层如何形成上层？②上层如何有效影响下层？另外，这种非决定论的本质也会带来好处，只有承认了非决定论的下层方能支持上层，即新的结构，得以出现。

### 2.1.5　层次观的其他缺陷

#### 1. 关于可被不断续起的"先订之缘"的悖论

在关于层次观的要义的讨论中，我们说过高层个体或性质的涌现是依靠低层个体间的"先订之缘"来实现的。空间和时间的巧合恰好使得这些在低层描述层次上并不需要的"缘分"，即某些性质，得以整合，低层个体遂以有序的集体行为导致新的层次或高层个体出现或状态发生变动。那么，何以这些性质的利用不会影响到低层个体的存在？低层何以在高层出现后保持稳定？低层的规律何以能继续被遵守？例如，新出现的分子虽会限制其组成原子的运动，但这种限制不会违背物理层的规律；一对男女组成一个家庭，旁人可以从家庭的角度评断她和他的家庭氛围等，但夫妻二人各自的个性还依旧存在，在追求家庭共同幸福理想的生活中，她和他依旧会追求个人的理想和自由。

更让人头疼的问题是：为何这些缘分不能在单个层次显现？为何只有在更复杂的情境中，低层个体之间原来"孤立的"联系方能被利用到，从而导致涌现行为？既是孤立联系，为何不认为是高层涌现出了其层个体的这个性质，且其低层各个组成要素原来并不具备造就这种涌现结果的性质呢？

对于上述悖论，读者不妨这样来消解。我们所谓的某个层次的个体尚未在该层被利用到的性质实际上只是一种修辞。某个性质没有被用到就说明描述这个层次的现象并不需要该性质，所以其只有对于被用到的、得以显现的更高层次方有意义。也就是说，这个性质是属于其得以显现的层次的。只是为了说明这些性质是与高层个体的组成要素有关的，我们将这些性质归于这些要素首次出现的层次。

### 2. 下层不能决定上层的全部

这似乎是层次观不得不接受的一个前提假设，而这个假设直接就蕴含了层次间的不可还原性[3]。

当然，下层的不确定性行为的积累可以造成上层个体出现不确定性的行为。

### 3. 上层对下层的根植作用似乎过于神秘

上层改变的并非是下层的规律，如意识并不改变物理规律，而似乎在利用着这些规律，维护其发生所期望的变化。如前面所表明的，上层利用了下层个体间尚未利用的联系。此外，上层对下层的控制是不确定性的或实际承担着"对下层的多种可能行为进行仲裁"的任务。这可以认为是所谓"自由意志"的来源。

## 2.2　不可还原性

对世界采取层次观的本体假定就蕴含了世界是不可还原的。

我们在前面内容提过，世界上高层次的事物可以由低层次的多个事物"生成"，这种现象被称为"涌现"。更为有意思的是涌现使得我们描述更高层次的现象时，可以建立更加抽象的理论[4]。然而这个事物是无法用低层的多个事物以非结构化的集合方式来替代的（此为本体论的第四个假设，记为 $O_4$）。如同一本书，不可以用一堆纯粹的纸、墨、线和胶液等替代。那么对于认知主体，我们是否可以问：决定其认知能力的基本的、不可分离的概念结构是什么？其标志是什么？其最基本的能力又是什么？

暂不去回答上述问题，当我们面对利用机器来模拟产生人类的认知能力的这一梦想时，其会首先诉诸"世界的可还原性""世界的层次的可保留程度或最简约层次性"这类问题。似乎，存在着两种完成这一模拟壮举的途径。

（1）只保留事物间的关系，即结构描述，对下层事物以可模拟物进行替代，直至到达"物理机器"栖息的层次。其不妨也称为一种还原的途径。本书称这种还原主张为结构模拟主义。

（2）姑且不讨论某一事物的层次结构是否得到保留，我们能否只用一个或多个物理机器来产生该事物的行为呢？这便是我们尽知的行为主义的主张。针对我们讨论的模仿认知主体行为的问题，称这种主张为行为模仿主义。

## 2.2.1　结构模拟主义

近来许多对认知过程的模拟、对生物系统的机能的分析的研究活动都分享了同样的方法论，都试图建立包含多个层次的模型，并从多个层次上去考察。对认知过程的模拟则使用机制主义（mechanism）的称谓；对生物系统的分析则使用系统生物学的称谓[5]。人工智能和认知科学的研究领域中的机制主义的基本主张来自于两个路径：一个是认知的计算主义，其认为对于智力的研究或心灵的模拟要关注其基本功能的实现，继而假设心灵可以模块化实现；另一个是大脑及对神经系统的感知、认知能力的建模仿真，其认为可以借助对网络结构和信号处理算法的描述来进行相应智力行为的本性的揭示。机制主义的核心主张[6]是倘若我们能建立可靠的单一神经系统的信息处理模型，继而构筑简单的局部皮层网络、多层的皮层区域网络、多皮层区域间互联的大规模网络，似乎脑的整体功能的模拟便可以指日可待。这一主张实际就是结构模拟主义。

对于结构模拟而言，存有两种可能性。

（1）结构可描述。

若是这种结构，其各层的回溯都是"可描述的"，那么，原则上是可以还原的。这是依了正常的逻辑，且假定我们对低层、物理层的描述已尽知。

（2）结构不可描述。

若其结构不可描述，则该事物不可还原。可以认为这种结构不可描述的原因是新的结构导致低层个体的行为发生了变化，而我们只有关于低层结构的原来行为的知识[7]。

对于"结构可描述"的情形，我们虽不能认定物理层的描述已尽知，但必定可以用物理层上的替代物进行对"可还原性"的实现。然而，某一组分若是可以替换的，必然就意味着其在物理上是可沟通的。在物理上是可沟通的，必须是在以符号/数学模型进行描述上存有一致性，即存在可逆的变换过程于这两个物理过程之间。此即早期人工智能的符号学派的"物理符号假设"。

那么，何谓存在可逆变换于物理过程之间呢？最简单的情形就是能量转换，如声呐中的换能器、录音时用的拾音器。在这一过程中，我们保留下来的是"事物"的结构，即信息，我们的代价是供给能量转换器件以能量。在此过程中，信息可以与能量脱离。那么，问题的焦点便是至何种程度，这种"结构分析仪"式的能量转换器可以被制造出来。这蕴含了能量与信息的相互转换。循此推断：生命、认知结构所蕴含的信息如果太大，就会导致无法为该物理系统提供足够的能量。这与现实的对"结构分析仪"的工程实现的要求不符。

此外还有一个物理学上的限制，即我们对亚原子层次的不可把握性。以脑为例，假设可以还原至各个化学元素的对应原子层次 $B = \{C, N, H, O\}$，我们使用另外的物理原子集合如 $P = \{Si, Ne, Te, Cl\}$等，并且 $P$ 与 $B$ 的交集为空[8]。因为，这些原子的性质不同，所以，我们仍然要再次还原到亚原子层次，如电子、质子、中子，以寻求可替代性。那么，问题就是尽知 $B$ 中的所有电子、质子、中子的行为是可能的吗？以目前物理学的知识，我们对它们的行为只能提供量子物理学上的解释。而这恰好表明：得到这种确定性的表述要在"观测"进行完之后，即进行模拟之后。可是，观测就会影响原来的系统，导致我们要模拟的对象发生变化。于是，模拟似乎变成了盲目的行为——我们是无法建立原来的系统的最低的亚原子层次的模型的。这就说明，这种保留所谓系统结构的模拟，虽然结构得到了保留，但基础是不存在的。除非我们假定：我们无须操心亚原子层次的模拟，有一种神秘的机制使得它们互相串通，而用于模仿的替代亚原子的物质可以事先知道我们的模拟目的，即用其他的原子或一组原子形成的结构去替代现有的认知个体中的各类原子。这随即导致：至少认知个体中的那些类别的原子在与其他认知主体的相作用的那些类型原子的相互行为上是存在等价物的；而这个等价物居然就是其他类型的原子的结合体。倘若这个结论是真的，那么，我们自然可以利用无机元素制造出生物来，而不是只敢奢望用无机物造出能体现出某些认知能力的所谓有智慧的机器来。

这种逻辑上的似是而非揭示了什么？我认为这可从认识论的角度来说明。我们必须放弃本体论上在物理的亚原子层次上，或其层次之下的追求。我们需对我们目前的理性做出"理性的修正"，即承认在亚原子的层次上，经典世界中的理性（如可以有独立存在的客体）不能再强求。这是一种理性的态度，在现实面前放弃先前的不恰当的、导致冲突的预期和信念。

对于"结构不可描述"的情形，这种假想的现象会导致我们如此去认识：高层的事物结构会约束低层的可能行为。这里低层的可能行为指的是当低层的个体处于自由状态时它们各自的行为；此时，高层的结构并不存在。然而，这似乎与我们对物理本性的认识相悖：当我们提出某一物理性质时，我们认为的是只要其物理世界或相关物质存在着，那么该性质将是永恒的、不会变化的。也就是说，这种高层对低层行为限制的结构要么是不存在的，要么一旦存在就必定会为我们对低层的观察与描述设置下不可逾越的障碍，即我们在该层次中无法观察到该种限制。因此，从这两方面上讲，我们都不能还原出其结构无法描述清楚的事物。

以上说明：可能性（1）会导致系统实际是不可被操作的；而可能性（2）会导致非理性的、逻辑冲突的结果。这样，自然的结论是不存在可以还原至物理层次的具有更高层次的事物。该结论可视为对 $O_2$ 的推论，记为推论 1（简称记为 $C_1$，后面内容略同）。其表明：物理层次的规律解释得不完善将导致物理机器行为上的不可控与我们对其行为的难以预料与不敢预测，以致模拟不来先前的信息与事物的结构。另外，我们尚不能排除某些事物本就不存在对其结构进行描述的这种可能性。对于高层对低层并"不存在"结构限制的这种可能，我们从低层自然无法获得可以理解的依据与事实；对于虽然存在，但是"无法理解"的结构限制，自然，其已杜绝了我们单从低层进行分析的可能。

## 2.2.2　行为模仿主义

这里，我们只讨论两个事物的结构不同时，如何产生相同的行为？这一评判其行为能力为相同的标准是什么？

假定 $A$ 可以产生 $B$ 的所有行为，那么存在某一逻辑结构，其将 $B$ 的结构转换为 $A$ 的结构。如果 $A$ 只可以模仿 $B$ 的部分行为，则转换用的逻辑结构必包含 $B$ 用于产生该行为的相关部分结构。

我们的前提是：对于 $B$ 那些需要被模仿的行为，$B$ 只使用唯一的结构来最经济地产生它；而对于 $A$，它的结构包括两部分，一部分为不可变化的固定结构，另一部分为可定制或以设计加以改变的转换逻辑结构（$P_1$）。那么，对于 $A$ 而言，用于建立其固定结构与 $B$ 的相应结构的转换逻辑结构是否是唯一的呢？

另外的一个问题是转换逻辑结构的空间是多大？它能否足够转换 $B$ 的必要结构以产生其相应的行为？

这里，我们可以看出，行为模仿主义实际上是在对 $B$ 的相应行为产生结构做出逻辑上的猜测，继而完成两类结构的转换。那么，问题的核心便在于：$B$ 的行为结构能否被充分描述？

由于我们在前提中提及 $B$ 的行为由其内在的结构决定，那么，可以推断：描述 $B$ 的行为的最佳逻辑结构便是 $B$ 中恰好对该行为起作用的内在部分结构。这样，行为模仿主义的落脚点依然还是结构模仿[9]。因此，其存在的结构描述的困难与结构模仿主义的实质一样。需要补充说明的是，结构模拟主义者关心的是被模拟的对象的结构；而行为主义者则更关心其行为的结果。然而，行为主义者需要先拥有一个可以寄生其行为的结构，然后，方可去进行模仿。更进一步地，这个寄生其行为的结构要足够复杂，复杂到至少能够涵盖其模仿的对象的结构。

# 2.3　哲　学　预　设

在以上的讨论中，我们实际预设了这些认识：①结构（信息）＋最低层次的物理事物的集体＝某事物；②关于被模拟的对象的信息是确定的、准确的；③最低层次的物理机制在因果意义上是不可知的、非决定性的。它们表现为至少存在行为上自在的量子化、整体的夸克化。所谓自在的量子化是说亚原子物质对于观测的敏感性和主动性；所谓整体的夸克化是说亚原子层次之下的每类物质只能整体存在且不可从起先的联系上分离[10]。

我们的看法是从支持还原论的角度，依据亚原子世界的量子非独立可观测性的存在，那么，并非处于亚原子层次的事物，如原子、分子、蛋白质、DNA、神经细胞、脑、人、家庭、社区、国家均是不可以模拟的、替换的。若没有这些替代的个体存在，如何得到这些个体的对于亚原子层次而言的创造行为，如核力、化学反应、生物活性、复制、信号变换、信息模拟、认知活动、感情维系、行为协同、文化共存、改变自然的壮举等？若在这样的预设下：脑即是决定人的认知能力的核心之物，或不知是如何存在或是否存在的"心灵"这一概念假定物的实施重要部件，那么，它的行为就不是可由纯粹的物理机器来直接产生的，因为它不能被模拟和替换。进而，人的认知能力自然也就无法用物理机器来模仿。这里，认知的标志就是产生新的概念；而非纯粹应用过往的种种经验。认知即是创造。对于非还原论者，依据这个观点，其自然会得出认知乃是无法进行模拟的结论。

经历以上的推断之后，我们仍有一个可能的选择：若认知行为的激起是由脱离了脑、脱离了认知个体的一种外在存在来决定的，那么，这种外在存在是否有可能被看作"理性的"，如符号化的、数据化的或兼而有之称为可形式化的？其对认知主体、对其脑的作用能否被一个可进行"理性的数据操作的"物理机器来实现呢？这里，既然我们已抛弃了对认知行为的本体的实证论[11]的追求，那么不妨进而转入对方法论的分析，看看是否会有意外之举？这或许会给我们一些希望。

# 2.4　心灵的最小结构

我们的核心论题是能否建立关于认知及认知如何得以发展的理论。那么，首先需要去分析一下认知主体的心灵其最不可或缺的功能是什么。我们将此称为心灵的最小结构问题。

虽然我在此部分无法做出完全的回答，但我希望这些讨论会有助于日后回答如下三个问题。

（1）为何要问心灵的最小结构是什么？

（2）应如何问这个问题？

（3）是否可以问这个问题？

## 2.4.1　心灵的作用与存在的条件是什么

首先，我们不妨把心灵定义为认知主体的思维活动。此外，再把它的活动局限在认知主体的存在过程之中。做个比喻：灵魂可以是存在的，但灵魂只与肉体共存；倘若肉体消亡，灵魂则不复存在。

我们可以从两个角度分析其作用。

（1）个体认知角度。我们用认知主体的心灵来指代其对自我表达结果的不断更新，形象地讲，心灵一直被我们用于理解自我。在这个理解的过程中，我们的心灵在不断发生变化，复杂性在不断增加。这表明，心灵使认知个体得以"自生"。

（2）社会认知角度。我们用心灵间的交流来指代认知主体间的理解互动活动。借助于合适的表达，心灵间得以有效交流，彼此的逐步理解得以进行，而共同的目标或协同行为得以渐次达成。这便表明，心灵促成了认知主体的"共生"。

可是，对于心灵的存在条件，我们不知道：单个的心灵是否脱离社会互动可以存在？不过可以断定，心灵间的互动会改变单个心灵的发展。

## 2.4.2　心灵的最小结构是什么

1. 没有感觉与印象，心灵是否能工作

对此设有两种回答：

（1）可以。心灵是自指的，通过自指而发展。这就是自我，即心灵＝自我，因为自我＝概念之众身，即形成与展现概念的实体或过程。

（2）不可以。心灵是非自我存在的，心灵实际上是非独立存在的实体。心灵倒不如说是一种人们想象出的描述上的方便；它甚至连一种想象上的存在都不是。

若按（1）观点，心灵的结构是先验的，它延伸至可理解的所有经验。

若按（2）观点，心灵是与经验共生的，可以说心灵寄生于经验之上。若认为经验就是信息，则心灵便是对信息进行理解，生出新的概念、对经验形成新的观念。这样的问题若一直问下去就会导致我们对认知行为的范围难以清晰地进行限定，感觉、觉知、决策、注意、记忆皆为认知行为，可这些也同样为心灵建立概念、形成观念所需，因为心灵扮演了认知的承担者的角色。心灵者，其何堪此累？其需知者只能先自知之。这样，心灵岂不要承揽认知主体的所有事情？那么心灵即是认知主体。这与心灵是非自我存在的主张恰好矛盾。

## 2. 心灵是否总是需要意向

是心灵需要意向还是你需要在理解别人的行为、反思、向别人解释或是掩饰自己的行为时需要意向？

是否存在没有意义、只面对意向的概念？

是否存在不需语义的语用？

我们可以说，并不是所有的时刻、所有类型的行为都需要意向。如我们要理解某个数学公式，难道我们在理解的时刻会去先分析我为何要理解它吗？这个公式写成这种形式指向了什么现实存在吗？我们静心思考为的是明了这个公式所传达的意思、体现出的概念。我们在揣摩他人的意图之前，总是先去理解其直接的含义，继而方有后续的会意。我们在掩盖自己的意图时寻求别的措辞无非是希望对方至多能明白我们的措辞所直接含有的意思。这便表明，在你用符号表达意图的过程中，意义是必须存在的。

概念是为了指明某种存在，并非是为了导致某种效果。所以不存在没有意义的概念。

存在不需要语义的语用，如语言中的感叹词、夸张的用语。可是，在使用这些词语、语句的背后，传达的并不是概念，而是诉求达到某种对自己或他人行为的影响力。

所以，在论述概念时，它必然包含意义。为了容纳其意向性，我们用诠释来表明认知主体对其所使用的概念的理解过程或结果。

## 3. 主体、客体与旁观者

一个符号的诠释对于作为交谈活动中的第一者（即主体）而言是自明的。然而，这并非表明这个诠释是恰当的和清晰的。因为，我们时常需在交谈中首先将概念澄清，然后在一致的概念体系下进行逻辑意义上、经验贴合意义上、功利分析意义上的讨论。

交谈中的第二者（即倾听方）对于其收到的符号只能自行去诠释。当其向第一者发问时，只是为了进一步获取确认其诠释或缩小其诠释的范围。原则上，第一者无法让第二者去弄懂第二者不能最终自己做出诠释的概念。

在交谈中，对于符号的诠释得适宜与否，仅有旁观者才具有裁决权。语言即是一种用于修订第一者的概念诠释的活动。如此一来，人们借助交流方可互相激起对彼此提出的新概念的理解与所谓的分享活动。

## 4. 核心观点

心灵的最小结构，或认知能力的最低要求就是可以理解任何人类语言所指向的概念，而理解各种概念实际上就是可以自行创造出各种概念。创造概念即是诠释概念，理解概念也是诠释概念。概念的诠释对于认知主体而言是时时刻刻必须从事的事情。可以简记为认知发展意味着概念的创立与概念体系的变更；而传递符号与诠释符合是概念理解的必要过程。

### 2.4.3　心灵如何能理解事物

具有感觉、能形成概念，继而可对事物做出预测或想象，这些都是理解事物所需的能力。心灵是生活在感觉中的。概念系统的形成与不断发展为心灵主体描述其感觉提供了手段。基于想象出的非真实的感觉则为概念与感觉间的联系建立了桥梁；同样，预测实际上就是对某些概念做出"想象中的感觉"。可见，概念系统是心灵理解事物的基石。自然，一个心灵如何建立自己的概念体系将是考察其对事物如何进行理解的关键。

### 2.4.4　心灵间如何相互理解

当我们将概念系统作为心灵理解事物的基石，心灵间要互相理解的实质便是彼此可以达到相似的概念体系。那么，一个心灵如何揣摩其他心灵的概念体系则是考察心灵间的理解机制的关键。我们在本书中对此将不作深入讨论，暂给出此观点——本体论上的"先订之缘"导致人际存有可悟之心。

不妨设想一下：当我们不经意间创造出新的物种，其超越了目前的人类。对此，也许不必过于自责，因为我们所创造的新的物种在某种意义上就是对我们的心灵（能力）的扩展。

此外，这些创造物之所以能超越我们必定是将我们心灵里的"认知能力"（包含创造力）一并继承下去，使之进一步变革提升。

这便是我们的认知能力建立的基础，使一个心灵与另外的心灵在"认知层次"上得以理解。此谓"心有灵犀一点通"。进一步地，我们可以设想：人类在道德情感上的良知也属"先订之缘"；其与心灵间得以互相理解彼此的概念的基础本无二致。

### 2.4.5　符号和意义可以脱离吗

我们不妨这样来理解意义：意义是听者揣测而出的说者的所指之物（曰意向），直至意图。这蕴涵着似乎意义并不会以确定不变的、独立于主体（不管是意义传达者还是对意义的揣摩者）的客观方式而存在[12]。

若是符号与其意义可以脱离，并且其意义可以表达为其他的符号体，我们就可以先分别传送它们，接收方后续只需将它们一一对应起来即可获得发送方欲以传达的概念。这样，对概念无须理解，只需接收灌输，只需借助可靠、够用的传送机制。倘若如此，人类只需倾听与记忆、无须思考。这样，认知＝信息传递＋记忆。

然而，意义或者诠释是与符号不同的。诠释只能被理解者拥有，却不能被传递（$O_5$）。因为在语言活动中我们对概念体系能够传递的只有符号。我们自然还会通过语言传达出情绪、意图等，可这些与概念无关。

另外，若是符号与意义不可分离。那么我们自然可以直接将概念传送给他人，他人只需记住，需要时复述一下而已。此种观念遂导致对于概念只需灌输、无须理解。这种"概念无须理解"的看法无比轻率。例如，从这个假定可以推断出：任何人可以读懂其未学过的任何人类文字的书籍；可以记住 1930 年前的数学书后直接给出哥德尔不完备性定理；在记住 1991 年前的数学书后必定能证明出费马大定理；无须学习任何音乐，读完巴赫的三部创意曲谱后便可哼唱而出；看了钢琴演奏的秘籍之后便可举办独奏音乐会；更为可喜的是，我们的便携计算机的视频播放器只要播放过一遍《阿凡达》后，便可以向我们展示阿凡达们之后的幸福生活了，我们再也不用期待卡梅隆的续集了，再也不用为了寻找超宽幅电影院去忍受排队的煎熬和暂时勒裤腰带、再咽下口水了。你的便携机就是新的导演！

所以，符号与其诠释虽然可以脱离，但是仅仅是符号被传达，从而离开一个认知主体去向另外的认知主体，符号所对应的诠释不能被传达，自然也离开不了产生它的认知主体。这个世界上没有不需要自己诠释便可通达理解之境的可能性。

然而，确实存在易于使你理解的符号系统与好的表达方式和表达过程。这便是表达的艺术。这种系统的、艺术的表达活动常常被用于教育幼小的或暂居于某一专业领域之外的心灵。

## 2.5　对意义的几种观点

此处简单列出三种针对意义或诠释方式的观点，以便我们在讨论意义时可以进行区分。

### 2.5.1　语法–语义–语用的三层结构

传统的语言学，将语言的理解分为语法、语义和语用三个层次。

符号及其使用规则称为语法。此处包含词法与句法。

语义就是一个语法单元（如词、短语、从句、句子）不取决于其相邻语法单元的意思。其用于有效对话的前提是双方的"共识"，即共有的诠释。

语用就是某个语法单元（但通常是一个句子）与其相邻语法单元相关的、受使用情境制约的、反映第一者的意图的意义。

这样，当我们谈及一个符号的含义时，我们会去区分其基于语法体系的语义和反映使用者的语用意图两种层次的意义。

### 2.5.2　隐喻观

这种观点认为意义只能通过"构造模型"的比拟方式来表达；构造模型即是做出比喻。模型化就是建立"符号及其使用规则"与交流方"所共享的经验"间的联系。

然而，此种观点实际隐含了：最终回溯的符号的意义即是双方共同的"经验"，并且这些经验对双方都是自明的。此外，这种观点预示着：没有共同的经验，就无从理解。例如，我们可以思考这样的处境，没有体验过某种自由或某种自由生来就被剥夺的人会知道这种自由为何吗？其所能想象出的关于这种自由的生活与他人体验到的这种自由生活会有多大差异？

### 2.5.3　互动观

此种观点认为语义本质上是个人的体验。体验的结果可能是确定的，但也可能是模糊的、多变的。语义是不可传达与交流的。语言（即符号）的交流行为只是为了去引导对方如何达到理解你用来驱使所送出的符号的意义，遂可令对方去行动或不行动，或采取何种行动来对你的意图做出行动上的回应。而所谓引导对方达到理解是使对方去使用对你而言相同的体验，可将其称为"共识"。可见，理解的基础是作为共识的经验，用以达到理解的途径便是去进行语言上的互动，去利用现存的"共识"或诉诸寻求共同体验的行动，而非纯粹的、表面上的符号交流。

## 2.6　本体论的对比：能量、物质、信息与概念

我们对世界可先分成三个主要层次：物理层次、非生物化学层次、生命层次。此外，再假定存在一个认知层次。接着，我们讨论：物质、能量、信息、概念这些基本对象处于何种层次？各个层次形成的结构有何特点？各种层次又具有哪些基本性质？

### 2.6.1　基本对象的适用范围

现有的科学事实支持我们认为世界以如下方式而存在。

（1）物理物质（matter）与能量在亚原子的层次被创造。

（2）能量在经典物理层次中、化学层次中被转移与改变形式。

（3）化学物质（substance）在化学层次中被创造与改变。

（4）信息在生命层次上被创造、转移。这里，信息的含义就是信号、符号，而不包括意义。

（5）概念在认知层次上被创造、理解与分享。

此处，我们假定认知的层次存在于生命的层次之上（$O_6$）。处于这个层次的事物，如人、某些动物，方可产生概念、互相沟通。这如同只有具备了生命层次的事物方可对其信息进行创造、复制与保存。此为一个核心的假定。承认之，即否决了更低层次的系统具有创造概念、表现认知能力的可能。这自然包括纯粹的"物理机器"。

### 2.6.2　结构在各个层次中的地位

1. 物理层次

（1）亚原子层次之下业已被认为有仅能以整体方式而存在的夸克物质。组成夸克物质结构的内部个体不能单独存在。

（2）亚原子层次中的各种物质所形成的结构确定了原子的性质，亦即经典物理世界的现象。然而，亚原子层次中的各种物质之间的关系却不能由经典物理的因果决定论来刻画；它们至少遵循量子机制。

2. 非生物化学层次

分子层次或化学世界中的物质结构决定了其化学性质，即参与化学反应用于创造新的物质结构的过程。此外，化学物质的结构稳定性也受亚原子层次的物质之间（主要是电子）的关系的影响。

3. 生命层次

生命层次主要进行了对稳定的结构信息及其在环境中进行动态变化的方式的描述、复制、解释与保存。遗传物质体现的正是生命信息。可以将狭义的生命现象看作保存与复制信息。可以认为保存与复制结构便是生命的本性。

4. 认知层次

认知层次则用于产生概念，即既对结构信息进行升级又对结构信息的解释方式进行适应性的调整。这表现为事物的结构的变化。从生物进化的层次上，这表现为新的物种的产生；从思维的角度，这表现为新的概念与概念体系的建立。我们将那些在化学层面上表现为化合物的产生等这类结构的变化不去归于认知过程，因为这种层次上的结构变化并不带来对其进行解释的外在环境的变化。在这种层次上产生的事物并不具有自我解释、自我繁殖的能力。

更进一步地，至少对于人这种生物，我们可用心灵层次作为认知层次的别名，或称为认知/心灵层次，因为人具有了概念，遂拥有了可以产生概念、理解概念的至少对问题讨论而言极为方便的方法论假定意义上的所谓心灵。

在本书中，我们不去讨论比认知层次更高、更抽象的层次。

## 2.6.3　在每个层次中传递什么

1. 物理层次

当物质（matter）产生时-空与能量后，稳定的原子之间传递的是能量。

2. 非生物化学层次

化学反应使用分子物质与能量，产生新的化学物质与可能释放的能量。其传递的是化学物质（substance）。

3. 生命层次

化学物质与能量产生了稳定的、可以复制的结构。其中最重要的就是信息。生命传递的就是信息。然而，生命结构要得以重构，除了遗传信息之外，还需要一个用于解释遗传信息的代谢环境。

4. 认知层次

其利用信息给出概念，即表征信息的符号与对信息的诠释。在认知个体间传递的是信息，而经由有意识的个体所使用的与得出的却都是给信息增加了诠释与理解物的概念。

图 2-2 对我们提及的四个层次进行了简要对比。在这张图上，我们对物理层次、非生物化学层次、生命层次都留有空白，这意味着其上层只容纳了该层的部分个体。

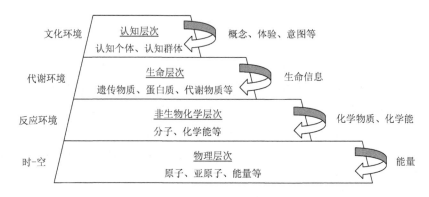

图 2-2　世界的四个层次示意

## 2.7　结　　论

从本体论的角度进行分析，我们可以获得如下看法：

（1）世界上的层次是不可以去除的；

（2）心灵并非只具有物理层次的事物，对心灵的还原在物理上无法实现；

（3）建立概念体系是心灵理解事物与彼此理解的关键；

（4）心灵是认知层次上的事物，而概念则是这个层次上的产物，而非更低的层次，如生命层次、非生物化学层次、物理层次等。

故而，我们将概念产生的能力作为心灵的本体论核心论点。同时，我们认为心灵不可以还原至更低的层次。这里，再次重复说明一下，还原的含义是对于一个具有多层次的事物，仅凭借其中的较低层次或最低层次的概念体系去解释其较高层次的行为。

## 注　　释

1. 对于另外的问题，如何划分层次？如何决定两个事物处于相同的层次？本书不进行讨论。当然，还存在另外的反驳观点值得讨论，即世界本来并不存在层次；层次的划分只是人类出于构造世界的理论的需要。可是，当我们一旦把本体论上的存在视为一种在认识上必须依靠的假定，或者可使我们的意向借以能可靠地施加出去的必要前提，作为理论意义上的本体论目前尚不能无视世界的层次性，如理论总是假定存在某些不同层次的实体；同一层次中的事物具有直接的相互作用，它们/他们容易互相反应或沟通理解。当然，我们可以使用多种概念体系来构造世界的本体论。这自然包括用不同的方式来划分世界的层次。似乎作为人的本性之一便是去为其存在构造堪用的"理论"。这类理论的重要目的便是为其自身及存在着的世界构筑合适的概念体系，此即本体论。

2. 斑马的例子源自李开复讲的一个用以说明小朋友最善于回答脑筋急转弯问题的笑话。

3. 在谈到生物化学层面的变化并不能创造出信念的时候，派利夏恩（Pylyshyn）也提及过类似的这种不可还原性："存在一个直觉对象不是一个系统通过与某些环境的性质产生'共振'（resonating）就可以设想达到的状态"（派利夏恩，2007）。

4. 对于低层事物涌现出高层现象或事物这一说法可参见文献（Kauffman，1993）。此外，戴维·多伊奇（David Deutsch）也表达过高层理论具有间接性的相近观点（多伊奇，2019）。

5. 系统生物学的基本主张与哲学分析可参见文献（Boogerd et al.，2008）。比之机制主义，系统生物学却没有表明生物系统的可还原性，恰恰相反，其注重从多个生物水平（如分子、蛋白质、细胞代谢、组织、生物行为）上对生物，尤其是一些简单的模式生物（如秀丽线虫），进行更为全面的研究。

6. 对机制主义的基本主张，读者若有兴趣，可以参阅一本早期的关于机器智能的会议集（Sutherland et al.，1959）来知晓早期的人工智能、认知科学研究对这两个路径的态度。对机制主义涉及的各类数学物理建模方法，读者可以参考阿代尔·亚伯拉罕森（Adele Abrahamsen）和威廉·柏克德（William Bechtel）的论文《现象与机制：符号系统、联结主义系统和动力系统在更广时域中的争论》（斯坦顿，2019）。Shagrir（2010）给出了一个将大脑比作模拟计算机反映这种主张的研究方法。

7. 有三种对待这些目前未知的知识的观点：第一种观点认为某些导致低层行为变化的知识日后尚可完善，其可由该层次中新的观察结果进一步修正；另一种则关乎认识论，即认为这种知识是不可能在该层次中被认识到的；第三种则认为某些知识是不可知的，其超越了人类认知的极限。我赞同第二种观点，并认为第三章观点语焉不详，因为"不可知的知识"这种表述没有实际意义。

8. 一方面我没有用同位素原子来进行表示，虽然这样更能反映原子的实际类型。另一方面之所以让模仿所用的原子集合与被模仿的原子集合不同是为了避免对模拟的误解。因为如果这样，模拟实际上就是复制。即使是复制，我们也得限定这些原子之间不能形成化学层次，因为我们所追求的是让只在物理层次上工作的物理机器去模仿认知主体的行为。若只采纳物理层次，这些被保留下来的结构还会有什么用处呢？可是如果我们不作这样的限定，那么替代物依然以化学、生化甚至人类成员的诸形态进行活动，替代的好处安可在否？替代的初衷岂不违背？如果这样，最简洁的做法便是利用人的自然机制去生育后代，而非设计机器。这就如同我女儿在她七岁时，我们闲聊人工智能者的梦想是去创造能够像人一般思考的机器，她一脸不解地问："为什么不让爸爸、妈妈再生个更聪明的宝宝？"

9. 当不完全赞同前提 $P_1$ 并认为 $B$ 可以使用多个不同的但经济性不分伯仲的结构来产生时，如其输入输出是等效的（Shagrir，2010），同样依然存在其最终是进入结构模拟的现实。只是，问题转换为如何以系统 $A$ 的"通用结构"来模拟系统 $B$ 的任意一个结构。

10. 当然，这只是我目前对物理世界的认识程度。

11. 即并不关心是否存在某一独立客体，其能够负责实施我们的认知活动。

12. 戴维·多伊奇（David Deutsch）也有类似的说法（多伊奇，2019）。

# 参 考 文 献

多伊奇 D. 2019. 无穷的开始：世界进步的本源. 2 版. 王艳红，张韵，译. 北京：人民邮电出版社：102.

派利夏恩 Z W. 2007. 计算与认知——认知科学的基础. 任晓明，王左立，译. 北京：中国人民大学出版社：294.

斯坦顿 R J. 2019. 认知科学中的当代争论. 杨小爱，译. 北京：科学出版社.

Boogerd F C，Bruggeman F J，Hofmeyr J S，et al. 2008. 系统生物学：哲学基础. 孙之荣，等，译. 北京：科学出版社.

Kauffman S. 1993. The Origins of Order. Oxford：Oxford University Press.

Shagrir O. 2010. Brains as analog-model computers. Studies in History and Philosophy of Science，41：271-279.

Sutherland G B B M，Minsky M L，Mackay D M，et al. 1959. The Mechanization of Thought Processes. National Physical Laboratory Symposium No. 10. London：Her Majesty's Stationery Office.

# 第 3 章 认识论：可供选择的理论

在本章中我们依次考虑这样几个问题。

（1）我们究竟有没有知识？知识到底是什么？

（2）我们可以用来表达思想的语言到底是一种什么样的存在？

（3）我们用来描述系统（特别是物理系统）的行为的数学语言是什么？特别地，我们能否将已有的数学描述归结为逻辑推理过程？

（4）我们能够利用的确定性的系统的极限能够创造不确定性吗？这个极限属于非决定性的吗？

（5）我们是否可以产生超越数学的形式化与自然语言的逻辑化的描述工具，如非决定性系统？

（6）我们所意识到的和未意识到的有什么联系？它们对我们的认知能力有什么作用？

而在这些问题后面，我想寻求对如下所述问题的答案。

（7）我们能否拥有用来描述认知过程，或仅对概念产生过程堪用的理论？

下面，将从知识、自然语言、数学语言及人类的理性与意识状态来分析我们用于描述自我认识的手段。需要说明的是，我们在本章把"可供选择来描述智力或认知过程，尤其是用于描述具有这种能力的可能的人造物的理论"归为"认识论"范畴，其用意在于去考察这些理论描述工具及人的思维工具所存在的局限性。其对于实现机器具有如同描述人的认知能力局限而言的相似性，具有认识论上的意味。

## 3.1 知识的本体论

人类虽然可以创造知识，但却只能对创造之物用某种形式进行传达。我们称为给出一种表达。这些表达结果表现为各种语言及其智力成品。让我们痛心的真相是这种表达时常只能被人类的心灵或其可能的部分对等物将其中的一小部分理解为"知识"，剩余的只能算作不相干的纷扰。

我们并没有知识可以被传送，我们也无法保存知识与分享知识，但是我们总是在创造知识。知识只能与创造它的人不可分离地存在。我们所能做的实际上只是传送一些对方可以或是可能会理解的符号（或称信号、信息）。我们的"知识寄托物"，如语言、文字、艺术作品、音乐、舞蹈与技术制品能够被理解的前提是存在可以做出理解行为的其他的认知个体，而不是存在确定的知识或理性世界这样的前提。否则，一本书与一块儿石头便可以径自交流了。这便是本书关于知识与理解的本体论观点——"心有灵犀，方可相通"，无论对于认知行为或对情感交流与理解的追求。

## 3.2　语言的作用

语言是用来劝诱别人通达你的理解之物或感悟之境的工具，对其承载之物的诠释则只存于彼此的心灵中。倘若把人类表达给他人的其他的智力形式，如歌声、乐声、曲谱、舞蹈表演、戏剧表演、视觉艺术作品（油画、雕塑、书法等）、文学作品，都视为具有不同形式的符号体，它们都是作者用来劝诱别人理解其自身的、经过精心选择与巧妙设计成的信号。对于受众而言，它们是用来触发其思维与内心表达的源头，是干预其思维运作的、如魔术手套般的手段，而非是思维运作的实际工具。

### 3.2.1　语法的存在性

#### 1. 语法是一种理论上的存在还是事实上的存在

语法只是一种后发的理论存在，它充其量只能适用于既有的语言使用历史。事实上总是存在新的语言使用规则的不断创造。所以，没有充分的理由认为人类存在什么脱离于文化的先天的语法。此外，在一个文化环境之中，个体对语法的获得是被动的。承接前面 2.5.2 小节所述的隐喻观，心灵在获取语法、理解语言伊始就是猜谜，而后面对新的语法和用法也时常不得不去诉诸于猜谜。

#### 2. 人类通用的语言学是否存在

存在人类通用的语言，至少在语法上可以做到通用吗？

不存在这样的通用语法。语法只是理性的规律，其是语言行为发生后的一种理论总结。不同语言翻译的转换靠的是语义、语用而非直接的语法上的转化。即便如此，兼顾语用与语义及其语言上的形式几乎是不可完成的，如古汉语诗歌的英文译本。然而，仅以语义的一致来完成转译，原则上是可以的。

#### 3. 语法是否只是逻辑式的构建结果

作为一种规定，语法建立的基础不是逻辑的产物，而语法体系却是要合乎逻辑的。不与已有的规则发生冲突可以认为是语法进化的一个原则。例如，现代汉语可以兼容古代汉语的表述方法。

### 4. 如何解决不同语言者在逻辑事实方面的不一致

我们拥有的是群体的思维模式或结论，那么，当不同语言者之间在逻辑事实上不一致时，理解的困难在哪里？又将如何解决？

可以推测，在理性经验事实上，而非是"逻辑"上人们达成理解。那么，创造符号、逻辑的理性结论是否就是"顿悟"过程的任务本质呢？若是，是否作为其唯一的本质呢？从人们经常还要胡言乱语一般去发泄某种感受的体验来看，产生理性的符合逻辑的结论其实并不是"顿悟"过程的唯一本质。顿悟的结果还需要迎合思考者在语用方面的需求。

### 5. 认知主体将如何考察不合逻辑的结论

认知主体将此结论交由不能被意识到的思维活动（称为非意识活动）来进行。这样按照以上的看法，记忆只是存储下来的符号体或者直接的感觉信号而已，此外别无他意。意义只存于顿悟中，且意义是要不断构建的。

### 6. 历史语言学的假定是什么

研究人类语言发展历史的学科被称为历史语言学。历史语言学的一个明显的结论是语言是社会性交流活动的产物。历史语言学的一个很重要的假定是口语发展于手语之后用于进行"视线外的交流"。口语还建立在心灵对他者心灵存在状态的假设之上，口语将心灵之间的沟通从手语、表情、身体姿态这些视觉媒介跃迁至超越视距的听觉模态。如何将所见、所嗅、所动、所示转换至声音符号和语气是人类早期进化发展的标志性结果。其中，我们最感兴趣的是个体的语言能力是如何和一个种群的语言交流文化一起发展的；一个个体的"会说话心灵"如何和其他个体的"爱倾听的心灵"互相促进、转换角色之后形成了以社会文化方式所规范的、可以被学习的口语。这类口语具备了语法的结构。语法的形成不妨看成心灵之间协作、竞争、妥协而达成的认同结果。

倘若把个体的体验和经历视为个人历史的重要部分，那么，我们就可以把对个体的语言发展过程和规律的研究称为个体历史语言学的研究。个体历史语言学可以建立在这一假定之上：不合语法的表达是无语义的、无意义的，但或许有用处；但此用处不属于语用，只能视为有某种意向。我以此作为一个原则来分析语言的历史发展，尤其是个体的语言获得和发展。这一原则即为不合语法的表达实际上就是无"意义"。若要使其获得可能的意义，即诠释，必须扩充语法；而语法的扩充多是以不违背现存的规则为前提的。

## 3.2.2　语法与语义、语用的依存性

有如下两个问题需要讨论。我们略去回答，只以例子来彰显自己对其的态度。

（1）三者之间的关系是层次性还是反映了语言分析的不同角度？

（2）语用一定需要语法、语义吗？

例子："天要下雨，娘要改嫁。——由他去吧！"

分析：说者实际是以自问自答的方式表达他对某事、某人的态度与决定。从三个层次的角度分析，语法上是合理的，倘若不知晓当时的语境，句子的语义却是难以直接理解的。要知其语用或说者之意图，自然不可望文生义。联系说者所讨论之事，结合君之对人事颠沛流离之觉，方可会其深意、觉其苦心。然而，对其行动的理解却直接依据语义即可——由他去吧，静观其变。

# 3.3　数 学 语 言

## 3.3.1　数学语言并没有比自然语言更强的真实性

语言是用来讨论某物是否有意义的。真实性只被与感觉相关的实践来决定，并且这种真实性的延续或修正仍需经验的不断补充。

数学语言说到底是自然语言的一个小规模的版本。为了追求确定性与效率，它就被迫以增加其可被一般人理解的难度作为代价。似乎可以做出这样的假定：数学语言必是可以由自然语言进行还原的；更准确些，可被还原至更为简单的逻辑语言。这就是数学的逻辑基础所追求的最低目标。然而，这不可以被理解为数学的创造活动必有什么逻辑基础，不如说，对数学成果与作品的表达需要遵循逻辑的自洽。

数学并没有脱离自然语言的自由。在各门数学理论中，其基本的概念仍然要通过自然语言来进行描述。此外，许多概念的理解需借助几何观念的运用、通过想象来完成。

## 3.3.2　对现有的数理逻辑的调查——确定性系统的限制

### 1. 何为确定性系统

确定性系统是指按照某些运行机制与初始状态而运行的系统。在我们后续的讨论中，只考虑包含有限的运行机制和有限的初始状态的确定性系统。对逻辑系

统来说，初始状态就是其公理，运行机制就是其推理规则；对概率系统来说，它们分别是其先验概率分布与统计推断规则。我们可以把这两类系统分别称为数值与符号逻辑意义上的确定性系统及概率意义上的确定性系统。

### 2. 哥德尔不完备性定理[1]的启示

哥德尔不完备性定理指出对于一个包含数论的系统，无论其已包含了多少公理，必然会存在一类自指性命题：其并不能被这些已有的公理确定为对，也不能被确定为错。该定理可以推广至任意的形式系统，即确定性的、逻辑上相容的系统。这便说明任何形式的系统都是不完备的。

启示 1：一个数学系统对于逻辑的相容性与完备性是不可兼得的[2]。

启示 2：若我们把一个形式系统中的公理视为该系统的先验知识，那么无论这个形式系统具有多少先验知识，总存在其不可以理解的自指性命题，因为该命题对其没有逻辑上的意义。对于这个命题，该系统既不能认为对，又不能认为错，难以决断。

启示 3：对于一个形式系统，必定存在其不可以判断是否能够结束的递归算法。对于数字计算机来说，无论如何设计它的软件，也无法避免软件里存在事先不能决定出计算机能否进入停机状态的程序[3]。本质上，并不存在可以决定是否停机的程序，也不存在可以判断无法停机的程序。这蕴涵着：算法或程序无法对未知情形做出判断。是故，对于数字计算机系统，无论其软件、硬件如何，总存在其不能执行的程序，除非其并不关心程序的运行结果，而这却是荒谬的、不可接受的[4]。

### 3. 不完备性的后续研究

在哥德尔对数论系统的不完备性做出证明后，Paul Cohen 证明了选择公理、连续性假设在策梅尔-弗兰克尔公理体系中均是不可判定的[5]。这表明实数系统也是不完备的。

## 3.3.3　确定性系统不能产生不确定性的原因

在后面的讨论中，我们大多只给出语言上的论证，而将数学上的严格证明留做日后的工作。

### 1. 命题 3.1　确定性系统的运行不能导致其运行机制的变化

当我们说一个系统按照某种机制运行时，有两个含义。一种为这种机制自始至终都是存在的，制约着这个系统的运行。另一种是这种机制只在系统运行的初始阶段起作用。我们将前一种含义上的机器称为决定性机器；后一种称为非决定性机器。

对于前一种决定性的机器，其运行机制的不可变化是由其定义给出的。我们不必做出证明，只是认为它是自明的，类似公设。我们将一个机器在不同的步骤上切换其运行机制的机制也认为是一种自始至终需遵循的机制。在这个机器的步骤是可以计数或其状态是可以自行记录的前提下，这个机器的运行是确定性的。

在后一种情况中，我们认为机器的状态发生了变化，但是我们无法知道是什么原因引起了其状态的变迁。非决定性的有限状态自动机[6]从字面上似乎就是一例：在其某些状态之间发生变迁是无须输入的，是莫名其妙的。这种变迁发生了，却不需要理由——它似乎是自发而为的。然而，当我们并不关注这种变迁是为何发生的，而只要是这些变迁的发生是确定性的，那么非决定性的有限状态自动机就可等价为一个更复杂的决定性的有限状态自动机。

下面，我们讨论状态直接发生"莫名其妙"的变迁的几种其他情形。我们还可以区分有输入与无输入这两种情况。出于简单考虑，我们只考虑无输入即发生状态变迁的情况。

1）遵从一定概率分布的变迁且变迁范围确定

在此情形下，$s$ 状态变为一个状态子集 $S$ 中的任何一个，并且其变迁的可能性是已知的。

讨论：对其，我们所具有的知识是其状态发生变迁的目标集以及相应的状态转移概率。系统的运行规则可以由概率分布或随机过程来描述。

结论：这类系统可以描述为概率意义上的确定性系统，故而可以由形式系统来给出描述。

2）完全随机的变迁但变迁范围确定

在此情形下，机器的当前 $s$ 状态变为一个状态子集 $S$ 中的任何一个，并且其变迁的可能性是未知的。$S$ 为非空，且 $S$ 不包括 $s$。

讨论：我们对其状态发生变迁的知识只是其状态变迁的范围集合，并且系统发生这类状态变迁的运行规则是无法给出的。这样，此类系统尚可描述为一个形式系统，但需引入一个"完全随机算子"符号。由于其一旦进入 $s$ 状态后将无法决定如何运行，这样的一个形式系统将是不可操作的、不封闭的。

结论：由于我们无法得到一个对其运行机制的描述与复现，描述这类系统的形式系统将是不具有操作意义的。

3）变迁范围不确定

在此情形下，机器的当前 $s$ 状态变为一个不断扩张的状态子集 $S$ 中的任何一个。$S$ 为非空，且 $S$ 不包括 $s$。

讨论：我们对其状态发生变迁的知识只是其状态会发生变迁且其变迁的目标集

不定。这样，无论是否具有对其状态如何变迁的知识，如是否知道系统是以确定性的方式变迁至新的、未事先给定的状态，系统发生这类状态变迁的运行规则总是无法给出的。

结论：由于状态的目标集会不断增加，此类系统不可以描述为一个形式系统。

**2. 关于符号系统的重要命题**

1）核心命题

命题 3.2　确定性的符号系统不可能产生符号与结构的变化，即其不能改变其公理与规则。

论证　任何有限的确定性机器实施的计算都是确定的结果，故而这种机器不可能产生符号，不可能引起其结构的变化。

分析　此命题与哥德尔不完备性定理追求的程度不一样。哥德尔不完备性定理用以表明形式系统的不完备后进而指出当构造相容的逻辑系统（即形式系统）时，欲以得到所有的可能定理（至少是对一类自指性命题而言）是注定不可能的。此命题追求的是比哥德尔的结论更严格的程度：一个形式系统不能产生新的公理、不能修订自己的公理、不能修改自己的规则。对一个形式系统来说，规则与公理就是全部。

2）推论命题 3.1

命题　通俗地讲，有限存储量的冯·诺依曼计算机不可能产生符号。

基本论据　首先该类计算机可以描述为有限的形式系统，且其是确定性的。这样此形式系统的运行规则不会变化，故而不会导致对其运行规则而言的新的符号的出现。

3）推论命题 3.2

命题　一个形式系统实际上不能给出新的定理，即机器并不能发现定理。定理所包含的全部并不是公理的演绎，其必定包含公理所不包含的概念。

说明　我们称推论命题 3.2 为关于定理是什么、证明是什么的认识论"真理"。

基本论据：定理包含公理所没有包含的新结构，证明隐含地利用了证明者的直觉知识或信念，结合公理与推理规则，使得证明者自认为其是演绎的。

**3. 论证**

有限的确定性系统可以表示为确定性的有限状态自动机（deterministic finite state machine，DFSM）。

形式化系统的推理规则具有不可改变性，故而其结构不会发生变化。

**4. 其他的有限的确定性系统与 DFSM 的等价性**

我们给出如下命题。这些命题易于证明。

命题 3.3　有限资源的通用图灵机即是 DFSM。

论证　由于图灵机使用有限资源，那么可以认为其资源的总和包含了有限状态自动机的状态转换规则的说明。此外，由于其资源是确定的，那么其包含的状态与规则就是确定的。

命题 3.4　多个 DFSM 依然等价为一个 DFSM。

这说明：两个或多个 DFSM 互相操作对方，同样也不能产生就它们整体而言的结构变化。

论证　有限的并行的确定性分布式系统 PDP 本质上可以归结为以向量方式表达的或建立在某种代数结构上的 DFSM。

命题 3.5　依照模型论，任意结构的有限的确定性系统都可以等价为一种DFSM。

论证　我们只需提及任意有限的确定性系统其遵循的规则、公理具有两个性质。①它们的数目是有限的；②它们彼此是直接相容的，且这种相容性继而还由系统的确定性来保持了。这样，每个系统都可以由一个形式系统，即模型来表示。继而，我们表明这个模型可以等价为 DFSM 即可。

命题 3.6　一个状态数目有限的且其每个状态出现的概率是确定（即概率分布值是有限长度的有理数）的概率机器可以等价为一个向量式的 DFSM。

论证　我们取最小的概率值的末一位为单位，然后根据每个状态的出现概率值就可以确定出其出现的次数为一整数。这样将每个状态复制其整数次数的复本，联结这些状态的复本便可以构成一个超级的状态向量。此向量式的机器仍旧是一个 DFSM。可以证明，无论这种随机的环节其数目为多少，都可以把每个环节等价为一个 DFSM。这样，整个具有随机环节的系统仍旧等价为一个 DFSM。

命题 3.7　概率意义上的确定性系统被人们使用的依然是它的概论意义上的确定性，而非不确定性，因为一个概率系统并不能生成一种描述，以之来刻画一种全新的概率分布。

这就说明，新的概念对应的概率分布是无法由概率意义上的有限自动机来产生的。

论证　我们分成两步。第一步，采用哥德尔证明其非完备性定理的类似过程，对下述命题进行证明：任意结构的满足逻辑相容性的概率系统都是不完备的。我们将基于此结果表明：任意概率系统总存在其不能表示的概率分布，任意随机系统总存在其不能表示的随机过程。第二步，我们仿照对符号系统不能修改自己的公理的证明过程，来证明一个概率系统不能修改自己的先验概率。以此说明：一个概率系统不能产生新的概率分布。

命题 3.8　贝叶斯系统依旧不能产生新的结构。

论证　考虑基本的贝叶斯（Bayesian）公式（$P(A|B) = P(B|A)P(A)/P(B)$），后验

条件概率 $P(B|A)$ 可以由实际的观测来修正，继而先验条件概率 $P(A|B)$ 可以被修正，前提为独立的先验概率 $P(A)$ 与 $P(B)$ 不变。那么，此系统被改变的只是这两种概率分布，并不会产生新的事件，自然也不会有关于新的事件的概率分布。当然，这类系统的运行虽然不会导致结构发生变化，但其变化却关乎属性与参数。

5. 讨论

我们认为事物结构的变化乃是概念的产生原因。作为形式系统，其结构的变化就是其符号的变化，即符号集的产生及规则集的变化。若要使一个形式系统产生新的符号，则其结构必然要发生变化。

## 3.3.4　决定性系统不能产生非决定性系统的原因

1. 不存在能修改自己规则的"不变的规则"

根据形式系统的结论，不允许存在这样的自指性规则。这便说明"游戏的规则"是不能被改变的。

2. 系统的有限步骤的运行

经历有限步骤的运行，系统的规则不会发生变化。故而其结构依然是决定性系统。

3. 系统的无限步骤的运行

对这种情况没有必要考虑。这是因为，若一个系统的运行时间是无限度的，那么，我们至少无法考察无限步骤运行后的结果。这是一个在具体操作上无意义的问题。

## 3.3.5　现有数学系统的完全形式化

此问题需针对目前难以进行形式化的问题进行讨论，在本书中我们不进行讨论。我们只假定理论物理机器必须使用形式化的模型进行工作。

对于下面的问题，我们在本书中也不做更多的分析。

非决定性的系统，如逻辑不相容的系统、状态变迁完全随机的系统，是否可以描述？

## 3.3.6　解释的多样化

形式系统除了不完备的特点外，还惊人地存在着解释的多样性。其根本原因在于形式系统总会存在未定义的概念，此由 Löwenheim-Skolem 定理来给出。该定理表明：每一相容系统都存在着相应的可数模型（即彼此不同构）；试图用公理化系统来描述一类唯一的数学对象是不可能的[7]。

这蕴含了意义和推理是脱离的，也间接说明了语义与语法的分离性。

### 3.3.7　小结：数学语言的局限性

从以上的分析中，我们知道数学本身是建立在一些自明的概念之上的极致追求逻辑自洽的理论。可是，其仍旧不具有完全的自洽，即仍旧是不完备的，突出的是不能对自指性命题给出证明。此外，其概念和意义并没有完全的确定度，总会存在不同的解释，总会存在一些先入为主的难以表达其意义的概念。

我们可以进一步反思证明的本质，反思人类的创造性工作对于证明的意义，以此反驳证明是纯粹形式化过程的观点。对于证明而言，只存在够用的证明，即达到理解者的直觉假定的证明，而没有什么绝对的证明。对"证明"的接受与否，依赖于"阅读证明者"的直觉，但是在其中逻辑的一致性也许是永远在追求的一个标准。

我们需要去问：在从公理出发到对定理证明的过程中，证明者添加了什么？回顾复杂定理的证明，新的概念、工具被创立，可以说，证明便是对新的直觉、新的概念的引入过程。没有这些新的直觉和概念的加入，我们无法仅仅依赖逻辑规则做出证明。

那么，逻辑又起源于何处呢？

我们的观点是逻辑并非起源于心灵的臆造，而是归于心灵对外界的屈服。在心灵与外部世界的互动中，我们被迫接受了"因果律"和"恒常性"、全局和个体。如创立某种新的全局和个体这类集合与元素的过程，这是由我们后面内容将介绍的"非意识状态"酝酿而由"意识状态"揭示的认知过程决定的。我们总是突然意识到先产生了一个无法还原的概念，如一类属性或一个类别，继而再去用这个概念区分我们的世界，即将此概念对应的个体，称为元素，归入到某个我们新确立的集合之中。

## 3.4　意识状态和非意识状态

### 3.4.1　关于意识的定义

这里，我将意识定义为主体对自我状态或他物的某种表达。当我们称某个心灵处于意识状态之中，那就一定意味着其正好产生出了某种表达。当某个心灵处于没有给出任何表达结果的时段，我们就称这种状态为非意识状态。

更进一步地，我们还可以把非意识状态区分为下意识状态、潜意识状态以及无意识状态。当主体处于一定程度的清醒之中但并没有处于意识状态，我们称其居于下意识状态；当主体处于非清醒但有生命活动的时刻，称为无意识状态。此外，经常被用到的潜意识状态则主要从动机理论去分析主体的心理时被使用。一定程度上，我们可以认为所谓的潜意识是以下意识的方式来影响人类的行为的。在本书对意识状态的讨论中，我们只关注（有）意识状态和下意识状态。出于简化讨论，我们在不致引起混淆的地方总是使用非意识状态来指代下意识状态。

## 3.4.2　状态的区分

下面对两种观点进行讨论。

第一种：意识状态是陡然的，它具有明显的标志。

处于意识状态的个体一定是在表达着某种事物，更精确地说，处于对某种表达结果的"瞬时记忆"之中。对应于具有意识能力的个体，符号的产生和使用则成为前提。

第二种：意识状态是连续的，它具有不同的活跃程度。

这种观点认为：所谓的非意识状态、意识状态只是心灵活跃程度不同的反应而已，二者之间没有什么截然的区分标志。

在本书中，我们持第一种观点。这是因为，从我们的内省中，具有对某种觉知的觉知就意味着我们进入了有意识的状态；而其他的无意识、下意识的行为中都没有涉及这种二阶的觉知。也就是说，非意识状态下心灵可以处于觉知过程之中，但一定不会去进行对觉知结果的表达，虽然它可能处于对某种觉知结果的关注中。所以，我们选取心灵是否正处于给出了某种表达之际来作为其进入意识状态的标志。我们这种观点就意味着居于意识状态，主体一定有记忆、注意、表达的内省行为，而居于非意识状态则一定不会有诸如各种表达这类内省行为，虽然可能有记忆、注意甚至推理行为，但是这些行为一定是不会被内省到的。

## 3.4.3　两类状态间的关联

同样，我们可以用两种观点来看待这两类状态的关联方式。

1. 非此即彼

这种观点认为：一般地，心灵可以在这两类状态间不断转化，但不会同时处于这两类状态。

**2. 意识状态是暂态而非意识状态是常态**

这种观点把非意识状态看作心灵始终运作的一种方式，心灵只是在偶然的多个瞬间才进入意识状态，并且进入意识状态并不会导致非意识状态的丧失。这就是说，心灵要么处于非意识状态，要么处于意识状态和非意识状态的并发之中。

检视这两种观点需要去考察当主体处于有意识的状态时，其是否还可以从事其他下意识的行为，以及可以在何种程度上从事这类行为。

### 3.4.4　两类状态针对表达的可能分工

前面我们提及心灵的一个主要作用就是完成表达，如使用符号表达某种概念。这里，我们首先定义有意识的心灵状态是得到某种表达时你的身体尤其是以脑为核心的神经系统的对应状态。与之对比，我们将脑处于觉醒状态但个体并非处于有意识的状态的其他状态称为脑、认知个体的"非意识状态"。

继而，我们再提出这样一种观点：只有心灵进入意识状态，认知主体才能给出表达结果。进一步地，对于表达而言，非意识状态用于形成平行的多个提议，而意识状态则用于从中进行选择，选择的结果便是得到一种表达。当然，非意识状态很多时候可能只能提供一个提议或者无法提供任何提议。这里，"提议"归属于非表达形式的心灵活动结果，可以认为是不能产生意识的脑的活动结果或脑的某类非意识状态。

### 3.4.5　意识对于认知发展的作用假说

从以上的主张出发，联想我们前面谈到的关于认知发展的本质——改变自我原有的规则，进一步地，我们便得到这样一个假说：意识是认知主体"改变自己的理性规则"的前提，是表征的产生机制得以运行的必要条件。借助于意识，表达方得以实现。这里，我们暂对表达得以实现的充分条件不做更多的分析。需要指出的是，其至少还需要非意识状态的事先参与。

需要说明的是，在以上的讨论中，我们将心灵的意识和非意识状态作为认识论的要素来进行讨论，以便去揭示它们对心灵的认知能力的限制。在后面内容对心灵的理性和非理性状态的讨论中，我们的分析角度如出一辙。

## 3.5　理性与非理性

人类的智力活动伴随如下两种方式。

（1）做出一个想法或结论，可以用于决策，但不能说明此想法或结论是如何得到的。称为直觉化的智力活动。顿悟便属于此类直觉思维的极端情形。

（2）做出一个想法，可以给出其形式化的论证，称为科学化的智力活动。

相应地，这两种智力活动分别体现了非理性思维与理性思维的特点。那么，对于认知的主体，理性与非理性分别承担了什么角色呢？它们分别是怎样的思考过程？

### 3.5.1 各自的作用

我们假定心灵可以至少实施上述两类思维活动，简称为非理性与理性。

非理性就是做出某种表达的思考过程。理性就是判断表达的逻辑有效性的思维过程。这里，逻辑有效性还可以被推广至艺术感染力，用以适应我们对表达，特别是艺术作品的艺术性的要求。

当理性判断出表达的逻辑上的无意义后，它就让位给非理性过程。非理性过程随即又以思忧、顿悟、寻求合适的表述等处于非意识状态中心灵的面目出现。之后，非理性把新的结果再给予理性。

### 3.5.2 理性与行动

行动可以修正的是非理性做出的"假设"或决策而非逻辑[8]。所以，没有头脑的创新活动是无法进行的。我们甚至还可以追问：没有头脑的躯体能有什么用处？它又能保留何种程度的行动能力？

### 3.5.3 思考是非意识状态的活动

我们往往忽略了非理性活动的作用，也忽略了脑在非意识状态下的所作所为导致的作用。如我们可以从"设想"心灵如何工作的角度去解释柏拉图如何会形成关于存有理性世界的观念。这是由于非理性的、由非意识状态给出的"顿悟"给了他这种感觉：似乎"理性的、美的、逻辑的"事物在头脑中出现，是因为精神找到了目前满意的解释、通达了崭新的领悟、会意了某种意料不到的意境。他谦虚地称为我们回到了理性之境，而非我们的心灵创造了这些想法。因为我们无法解释如何产生了新的想法、提出新的概念、给出新的观念。我们所能直接把握的是意识状态中出现的表达结果，如印象、感受、概念、结论等，对于这之前的过程，我们的直接意识经验没有向我们揭示任何东西。所以，我们可以说：思考出某种结果、提出某种想法似乎是一瞬间出现的、难以溯源的。这恰好是因为不能被我们意识到的非意识状态中的脑的活动进行了艰苦的、富有成效的工作，即隐蔽的"思考"活动。而我们日常认为的思考活动，实际上是对非意识状态下的非理性的活动所做出的结果诉诸于逻辑一致性要求标准下的反思。

## 3.6　与自我意识无关的意识的作用

为了避免自我意识导致的自指性命题，同时简化问题的讨论，我们只分析不针对自我的意识状态，称为"与自我意识无关的意识"。

### 3.6.1　处于意识状态中人可做什么

顿悟之后脑的处理结果，即表达结果，将交于意识状态；意识状态是理性（逻辑）表达的标志。意识即是对表达的审查。所以意识状态对于理性是必需的。

那么，无表达的理性，即没有伴随着表达之物的意识状态是可能的吗？非注意到的经历、环境刺激可否事后被"意识到"、回想起呢？对于第一个问题，我们的回答是不可能，因为意识状态对于理性活动是必需的。对于第二个问题，我们的经验常常会告诉我们确实存在事后被意识的经历，如对危险的下意识反应，过后我们方意识到危险的来临、不禁心有余悸。

另外，表达的方式会有多种。即使没有用语言的方式表达出来，无论以何种方式，如从外部的谈话、人内部的无声自语，或称进入意识，必须有一个表达的结果或可能会断续进行的过程，诉诸于某种感知模态，如听觉的、视觉的等。如经由视觉意识到的，乃是一种视觉工作的结果，并非是刺激的全部。我们可以设计实验来考察这些问题：哪些信息没有被我们意识到？哪些信息进入了意识状态或哪些可以在意识状态下被觉知到？被觉知到是否就是回忆、记忆所持的表象？

### 3.6.2　意识状态的作用

若是思考实际上是在非意识状态下进行的，那么意识状态又有何用？其基本的作用如下所述。

1. 用于呈现表达的结果

其作用主要为如下两种：

（1）与他人交流；

（2）与自我交流。

这里自我并非是思考者的全部或某一种客观存在，乃是一种连续的假定事物。

2. 似乎是要对表达的效果进行判断或"模拟彩排"

这是因为，若找不出其好处或用处，意识状态就会很荒诞地存在着。

此外，还提供另一种解释：这是为了以"可回忆的方式"继续做出"顿悟"提问或获得决策前的逻辑判断。

当然，我们还可以从个体与群体的文化进步两个方面来看待意识的作用。

1）个体

由于表达出来的事物已经不再具有立即需要思考、揣摩这些认知活动的紧迫性，个体则可以凭借它提高行动的效率。例如，在接下来的行动中，对此表达相似的情形，该个体将最大限度地直接借助已有的，特别是新近做出的表达结果（即意识之物）来进行表达或处理。故而，可以说意识状态乃是提高个体认知效率的工具。然而，这一处于意识之中的状态或意识本身并不会提高个体的认知水平；其提高的只是个体的认知效率。

2）群体

群体相互间对认知水平的提高则只能依靠彼此之间的交流来进行。我们此前谈过，交流只能通过表达的结果来进行。故而，意识状态或至少某一时刻交流者之一需处于意识状态对个体间相互促进认知水平的提高则十分关键。这甚至是唯一的途径。

## 3.6.3　意识中的表达不含意义

表达只能存在于意识状态中。语言与表达实际上是无意义的。其只提供了一种"结构"。这种"结构"的合理性便是逻辑，即语法[9]。在认知活动中，判断某个表达是否符合"逻辑"也许还可以归结到"理性"的职责范围内。那么，顿悟能否用于判断其逻辑性呢？

此外，还有一个疑问：仅从语言的整体结构上是否可以把其作为对所描述对象的一种"模型"，并在此基础上来理解其意义呢？或者可否把这个模型的运作过程导致的结果称为意义呢？即使一个主体表达出一个最简单的结构，0 或 1，我们若不考虑其情境，亦难以判断出这个心灵想要的表达是什么：是明还是亮？是去明还是去灭？是存在还是不存在？是睿智还是并非如此？是肯还是不肯？那么，另外的一个心灵如果不考虑当前的"情境"又将如何进行理解呢？符号是任意指向的。在没有考虑"背景"与"共识"之下，符号就是"天书"，待心灵去阅读、解密、联想。更为复杂的符号体，如给 0、1 加上更多的逻辑符号、规则继而形成的所谓"语义网络"依然只是一种结构，依然没有意义，因为它的任何组分都不含意义，尽管它的结构限定了各个基本单元，甚至更为复杂的系统之间的逻辑依赖关系。它只能引起有了理解力的、受过训练的心灵的理解。

### 3.6.4 意向状态是一种什么样的存在

对人类的意识持意向论的哲学家认为：在我们谈论世界或自我的时候，我们的词语常常需要指向某些事物，无论这些事物是客观的存在还是想象之物。当我们的意识处于此种状态时，就称我们具有某种意向；也称我们的词语或符号指向某种意向。故而，意识是具有意向性的。

诚然，我们每个人都会有自己的意向和自己"私有的"概念体系。可是，我们借助交流、语言、行动而达到的彼此间的"沟通"只能使得某些意向和概念取得"更多的一致性"。我们无法保证或证明彼此之间的沟通可以达到"完全的一致性"。每一个个体都是特殊的，乃是因为其所谓的独特心灵构造出的概念体系因人而异。

另外，如果限定我们只能用概念来解释概念，也就是用语言或符号来解释代表某种概念、指向某种"意向"的某个词语或符号，我们不免会迷失在符号之中。我们亦不是真的就可以用符号表明自己指的是什么。对概念的纯粹的语言解释总会终止于难以持续的无以应答，即无语状态。

### 3.6.5 心灵一定需要意识吗

前面的分析指出：意识状态对于心灵而言至少可以用以对多个假说做出选择，用于形成可供表达的结果。这结果或称顿悟之果、或称整体性的计划，遂可进入记忆，可供主体反省、可作为行动之依。

那么，如果心灵处于不需要表达的情境之下，意识还需要吗？

对此，我们可以谨慎地说：倘若不需要表达或做出选择和判断，心灵便无须进入意识状态。更进一步地，假设存在这样一种特别的心灵——其可以同时进行多个任务，如同时用眼睛和超声波看到身前和身后的360°场景、一边思考哲学问题一边开着飞行器进行太空格斗。即便如此，一旦行动起来，除了规划好初始的行动计划外，我们还需要根据场景和态势变化对既有的行动计划不断进行修正（即进行在线规划），这个特殊类别的心灵依然需要其能不断地进入有意识的状态。这就说明，对于心灵，意识是必要的，虽然心灵并非总是处于有意识的状态之下。

### 3.6.6 心灵不能永处于意识状态之中吗

接上，我们可以接着思考：为何心灵不能总处于有意识的状态？我们可以设想，其他类型的心灵可以同时拥有非意识状态和意识状态。若是如此，其意识总是连续的，而一个连续的输出则是没有起点和终点的。这样，只要受制于时间这个单向的世界本体论上的前提制约，这类心灵，倘若存在，一定不会获得表达的结果。这意味着：这样的心灵是无法存在的；其没有表达结果，故而形成不了记忆，自然也就无法和其他的心灵交流。但是，表面上，其能产生行动计划，也能按照预先设定的一种时间同步方式来指导处于非意识状态之中的行动。这样的心灵只是一种自动机器而已。

上述的分析说明：行动能力并非是心灵存在与否的判据；产生间断性的表达结果的能力，即具有非连续的意识方是合格心灵的一个核心标志。

## 3.7　理　　论

### 3.7.1　世界的层次性与理论

我们对世界的划分对应的是我们的理论的存在形态。若一个理论是自洽的，论域有所局限的，那么，就称为某一个视角、某一个层次的理论。遂假设世界中可由此理论能解释的部分似乎可以独立存在，称为某个层次的现实。

目前，我想象不出除了去构造分层说明世界上存在的诸般事物的理论 [10] 之外，还有什么其他可行的路径去描述世界。多个理论的不兼容属于其他类别的次要性质的问题，而各个层次的理论之间的无法替代或解释，反映要么是世界的本质，要么就是人类认识能力的先天不足。当然，更可能的是人类认识方式的局限性。

研究认知目前最欠缺的仍旧是理论。对于人工智能 [11] 亦是如此。

### 3.7.2　理论可以做出真的预言吗

从理论是一种理性表达的角度可以认为：理论并非可以用来做出对本质上新的现象的预言，理论的使用方式只是演绎，或者就是解释在理论的假设前提意义上的"已知"的可能事实。然而，就实验而论，理论确实可以给出新的、可用于未来实施的实验的想当然注定着的结果。在这点上，我们称为"预言"。这样，我们可以凭借的理论实质上诉说的都是历史的事件。我们还未获得用来产生新的概念、描述新的事物出现的理论。并且，这种理论是不可获得的，因为理性所说的方式是不可自指的。

### 3.7.3　借助理论如何使得认知得以发展

我们之所以能够不断进步是因为我们可以先创造出许多自己细究之后尚无法

真正理解的概念（如集合论中的无限）或理论（如现象学中的内省、哲学中的自由意志等），或经常是得到新的发现之后断定为荒谬的想法（如基于能量守恒断定永动机的不可实现），这些尚难以把握的构思或理论反而导致了新的认知行动。可以在一定程度上说：不完美的理论造就了更好的认知结果。

## 3.8　结　　论

　　认知这种能力、大自然中持续进行的结构的创生本就是一种无终点的事物；自然，我们对之没有可以回溯的源头。因为我们不知这个事物的终点，即使知道其起点，也无法决定其发展的模型。倘若认知的发展是个不可逆的过程，由于没有可逆就难存等价，遂就不会有确定性的产生。而没有确定性，就没有理论描述的立足之处。这就是我们无法给出"理性之理性之源"的原因。这就是我们试图去建立描述"机制的机制"的不可实现的缘由。在追求理性与理解的过程中，每提出一种数学上的系统、每一个定理、公式便是增添了一种我们对事物的可能的确定性的把握，从而使得我们可以去考察更多的未解之谜。重要地，我们往往忽视了语言中的逻辑错误。只有表达中符合逻辑的部分方具有理论的可能。因此，欲使用确定性的系统来得到不确定的新的系统，欲使用决定性的历史来得到非决定性的未来，这本身就是无意义的，因为它们有悖于逻辑的相容，它们引入了对于逻辑系统而言无意义的自指性命题。这些想法本身就是一种逻辑上的荒诞。被理性遗漏的是直觉等创造活动的介入。理性追求的是创造出对事物的确定性（即规律）的具有确定性的认识，而非不确定性的认识。然而，我们不能一厢情愿地认为：这个世界里的一切或这个世界全体就是确定的、可知的，甚至可允许我们干预的。

　　我们可以用这样一个简单论证过程对前面关于认知不能由形式系统而确知的说法进行精练。因为意识需要自指性过程（如我知道我体验到了什么），并且自指性命题对形式逻辑系统而言是无能为力的，那么，形式逻辑系统并不能解决意识问题。现在，我们用"认知"来代替上面的论证中的"意识"，结论就是——认知并不能由形式逻辑来解决，也就说明认知问题不能由确定性系统来回答。因为形式逻辑系统是确定性的系统。这里，确定性包含概率确定性的含义。

　　在对理性的分析中，意识状态是我们可以直接觉知到有所表达、有所知觉的仅有时机，然而恰恰是我们不能直接觉知的非意识状态促成了意识状态的出现。这种实际上在进行创造活动本身的脑的过程却被主流的认知科学，尤其是人工智能的研究活动显著忽略了 [12]。

# 注　释

1. 对于哥德尔不完备性定理的较通俗的说明见文献（Nagel et al.，1958）。一般程度的数理逻辑方面的教科书（Enderton，2006）有对其详细的证明过程。Lucas 的一篇有影响的哲学论文（Lucas，1961）对哥德尔不完备性定理对机械机器不能产生心灵活动的启示做出了恰当的分析。

2. 对于此启示的说明见文献（克莱因，2007）。

3. 这个说法由彭罗斯提供（彭罗斯，2007），Searle 对其给出了简略的版本，见文献（塞尔，2009）第 4 章之附录。

4. 事实上，这类自指性命题至少是不可计算的。我们尚不知还有多少类不可计算命题。而根据 Hofstadter 的观点，对自指性命题的解决恰好是机器具有智力的标志（Hofstadter，2000）。乍看起来，此种"改变规则的规则"似乎符合本书认为的认知系统是可以"自我改变其规则/结构"的主旨。然而，这样的自指性命题已由哥德尔不完备性定理揭示是不能由形式系统来解决的。要解决此类命题，我们需寻求非形式化的系统，并率先从哲学上为其准备适宜的概念系统。

5. 对实数系统完备性的研究工作简单评述见文献（克莱因，2007）。

6. 非决定性的有限状态自动机的标准定义可见文献（Rich，2000）的 5.4 节。

7. 见文献（克莱因，2007）。

8. 我产生此种观点当受益于文献（Changizi，2003）。

9. 此处近乎 Wittegenstein 之语言只是纯粹的语法的看法（维特根斯坦，1996）。

10. 如同统计学习的开创者 Vapnik 所言"没有什么比一个好的理论更为有效了"（Vipnik，1999）。

11. 博登（Boden）对于强人工智能的实现持怀疑态度，其理由之一就是"即使全部完成（大脑的）解剖模型，并仔细监测化学信息，这些自上而下的问题（指心理功能是如何实现的）也不会得到答案"（博登，2017；Boden，2016）。

12. 事实上，对于意识问题的研究也已经引起对直觉（Blackmore，2005；布莱克莫尔，2007）、创造力的培养和测量评价方法研究的重视。目前，这些有关创造力的研究工作还主要停留在行为分析（斯滕博格，2007）、事例反思（Weisberg，2006）和自我体验反思（Bohm，1996）的层次上。

## 参 考 文 献

博登 M A. 2017. AI：人工智能的本质和未来. 孙诗惠，译. 北京：中国人民大学出版社：184.

布莱克莫尔 S. 2007. 意识新探. 薛贵，译. 北京：外语教学与研究出版社：254-270.

克莱因 M. 2007. 数学：确定性的丧失. 李宏魁，译. 长沙：湖南科技出版社：338-363.

彭罗斯 R. 2007. 皇帝新脑. 许贤明、吴忠超，译. 长沙：湖南科技出版社.

塞尔 J R. 2009. 意识的奥妙. 刘叶涛，译. 南京：南京大学出版社.

斯滕博格 R J. 2007. 智慧，智力，创造力. 王利群，译. 北京：北京理工大学出版社.

维特根斯坦 L. 1996. 哲学研究. 李步楼，译. 北京：商务印书馆.

Blackmore S. 2005. Consciousness：A Very Short Introduction. Oxford：Oxford University Press.

Boden M A. 2016. AI：Its Nature and Future. Oxford：Oxford University Press：157.

Bohm D. 1996. On Creativity. Oxon：Routledge.

Changizi M A. 2003. The Brain from 25，000 Feet：High Level Explorations of Brain Complexity，Perception，Induction and Vagueness. Dordrecht：Kluwer Academic Publishers.

Enderton H B. 2006. A Mathematical Introduction to Logic. 2nd ed. Singapore：Elsevier：182-281.

Hofstadter D R. 2000. Gödel，Esher and Bach：An Eternal Golden Braid. London：Penguin Books：495-558.

Lucas J R. 1961. Minds，machines and Gödel. Philosophy，XXXVI：112-127.

Nagel E，Newman J R. 1958. Gödel's Proof. Oxon：Routledge.

Rich E. 2000. Automata，Computability，and Complexity：Theory and Applications. Englewood Cliffs：Prentice-Hall，Inc..

Vipnik V N. 1999. The Nature of Statistical Learning Theory. 2nd ed. New York：Springer.

Weisberg R W. 2006. Creativity：Understanding Innovation in Problem Solving，Science，Invention，and the Arts. Hoboken：John Wiley & Sons，Inc..

# 第4章　方法论：可用于实现的工具

首先我们分析理论物理机器可以被用于实施描述工具所给出的表达系统的理由。接着我们依次考察四种可以用于实施描述工具的表达结果的理论物理机器：①有限状态自动机；②概率机器（随机数产生器）；③量子机器；④夸克机器。对于它们，我们只简单列出与我们的考察目的相关的结果。我们继而考虑这些理论机器的计算能力与现有的实施手段以及可能需解决的主要问题。最后我们分析这些机器能否被用来完成对概念产生过程的描述。

## 4.1　两类还原主义的困难

在这里，我们从方法论的角度来讨论以物理主义为代表的将整体的行为归结为下一层次的诸组分间的互动行为的结果的"层次化还原主义"[1]。此种还原主义的局限在于：我们可能无法将某一层次的规律描述清楚，因为这一层次的规律包含个体间的互动机制，而这些互动机制是无法从单个个体的角度来描述的。从设计的角度，当我们无法预料到上层的目标时，我们无法决定如何设计下层的各个个体的局部行为方式。如我们在构思集体舞蹈时，总是先得到整个构型将如何变动，再设计每个舞蹈者的身位。对于具体的舞蹈演员在排练时，由于对整体的动作构型缺乏理解，她经常会产生与他人不协调的行为，如迈步到不恰当的位置。所以，导演便经常要中断排练，告知其整体的目标，以便做出更协调的行动。还原主义对事物的归结，即将上层的行为归结于下层多个个体的互动行为结果，并且认为互动行为可为每个实施者所理解与拥有。这里暂且不去考虑存在一个集中的协调者的主张。因为，可以把这个"集中的协调者的策略"进行复制、分配至每一个相关的实施者。这本身没有任何逻辑上的问题。然而，还原主义需要面对的是我们是否具有对下层的充分了解和适宜的描述模型。更为深入地，我们是否可以期望这个世界具有一个最基本的层次，并且我们可以拥有对这个层次的个体如何互动的、确切的或够用的知识？

然而，从本体论的角度，我们似乎可以赞同另外一种物理意义上的还原主张：即自组织的主张。实际上，这一主张面临的解释困难与前一种一样。更有甚者，这一主张还面临了另外的解释困难：系统运行的整体结果虽事先不知，但实际的运行结果却是确定的。

# 4.2　有限状态自动机

## 4.2.1　为什么不是图灵机

图灵机不可归为有限状态自动机。我们不使用图灵机来探究认知能力可否出现，因为我们不知道需要无限资源的这种简单机器到底需要多少资源。而我们却时常不需要无限的时间能够理解新的概念、产生想法，尽管仍有许多问题穷尽人类的文明至今尚无法探求。

## 4.2.2　有限的确定性机器

这类机器其行为方式确定，且承担工作的部分数量有限，简记为 $D$ 型机器。当其以离散量工作，称为确定的有限状态自动机。理论上可能的复现混沌过程的数字混沌机器亦属此类。

# 4.3　概　率　机　器

其为概论意义上的确定性机器，简记为 $P$ 型机器。

其行为具有概论意义上的确定性，如玻尔兹曼机。其结果在概率意义上是可重复的。一般的随机机器亦属此类。

# 4.4　量　子　机　器

## 4.4.1　量子的平行宇宙观解释

可先假定量子现象是只存在于亚原子层次的物理行为，而非其之上的层次。当然，量子现象抑或并非存在于其下层，尽管这种可能性较小。那么，所谓的平行宇宙只是可靠地存在于亚原子层次上的众纠缠态，我们可称为其他复本或心心相印的众本。我们亦无理由假定其上层的结构亦会存在，因为这些下一层次上的态无论如何都不能完全决定上层的态的形式。根据前面所述的层次观的世界本体论[2]，上层的态主要是由其同层的个体间的关系决定的，而非下层。所以，对于量子系统我只赞同亚原子层次上的平行宇宙观的解释。

### 4.4.2　量子机器的特点

我们将这类机器简记为 $Q$ 型机器。其在运行之中若外界对其施加了观测，则观测结果将不具有因果意义上的确定性——因为我们无法决定外部观测的干涉作用将如何以确定性的方式导致其内在状态发生坍缩。然而，如果没有观测的发生，系统的行为仍旧呈现概率论意义上的确定性。这表现在用以描述其各个可能态的波函数的不变性。

## 4.5　夸　克　机　器

此处我们讨论另外一种可能的物理机器，利用夸克进行操作的机器——夸克机器，简记为 $qQb$ 型机器。

依据夸克的整体性存在性质，我们可以尝试用极大的能量来建立夸克机器。若假以时日其能达到可利用的程度，便可以对概念体系中的不可分离的组分，如符号-诠释或符号-语义-语用，来进行表征，而无须使用必定使之分离的机器 $D$ 或 $P$。这也许是个有益的尝试。

## 4.6　对各类机器能力的分析

本节考察各类机器可以表示与处理的数学系统的范围。对其各自的能力的分析结果见表 4-1。

**表 4-1　各类机器的表示能力**

| 机器类别 | 符号 | 数据（统计意义上） | 数据（随机意义上） |
|---|---|---|---|
| $D$ | √ | × | × |
| $P$ | √* | √ | × |
| $Q$ | ? | ? | √ |

注：$D$ 表示有限定性机器；$P$ 表示概率机器；$Q$ 表示量子机器；"√"表示能；"×"表示不能；"?"表示可考虑、或许可能。对*的说明：我们可以把确定性看作随机性的极限，即 $P(x=y)=1$。然而，考虑真的随机性，即 $P(x=y)<1$，那么，$P$ 将不足以或不易用于进行符号运算。然而，我们可以在概率意义的确定性上认为其进行符号运算。可是，这样的操作需要多项（或并发多个）计算的进行。

有一种观点认为：随着新的数学工具，如统计学、数理逻辑学、各类复杂的代数结构的发展，我们的机器的能力会不断增进，至少是其对问题的描述能力。

然而，我们在本书中考虑的问题是这一增长的极限是什么？数学工具不能解决的问题是什么？我的观点是数学自身的发展实际上是先拓宽了人对"对象"的描述能力，而非可以全部用于"机器"，以提升其对事物的描述能力。虽然这些数学工具可以被用来描述更复杂的观念与现象，机器遵照这些描述就可对某些现象进行操作与干预；然而，这却不会助于机器自发地产生"概念"。如我们只被允许使用 $D$ 型或 $P$ 型机器。若遵循这种途径，则需要考虑：我们什么时候、到何种程度方能撒手，让机器去自行发展、自谋其智？在数学系统的"只是追求确定性的本性"不发生变化的前提下，我认为并不存在可以产生不确定性的确定性，并不存在可以用来产生新结构的结构。倘若我们承认这样的论题，一切已有的数学结果都可以表达为形式化的数理逻辑系统[3]，那么，数学的发展依然不会产生形式化工具注定不能完成的事情，即改变自己系统规则的规则。

　　下面，我们考察这一假定的合理性。首先，将可以表达为算术操作的部分拿出；其次，将可以归结为有限维离散数值运算的部分拿出。上述两个部分都可以为有限的形式化系统来重新表述。那么，剩余的部分可以作为符号串来逐一替代，如无理数、无穷的若干概念。这样一来，它们依然可以被形式化，因为我们使之形式化的是符号，而非意义。现有的数学作为一种语言，其本质上是一串有限的符号，我们对数学的增加，也是在增加这个串的长度而已。对于这些无穷的、不能使图灵机停机的概念，我们人类所做的也只是用符号来指示我们的这种感受而已。要使机器的运行体现这些观念，我们似乎要使机器既不能终止运行知其终点，又需要其从这种没有尽头的苦役中跳将出来，明了这些就是不可以停止的行为。这给机器出了一个逻辑上的不可能完成的任务：自己还没有做出结果就要断定自己不能做出结果。那么，人是采取何种方式来走出这种困境的呢？因为，人能明了不能勉为其难，明智的人知道"不能为者且莫为"。人毋宁说是证明了此事，莫如说是获得了这种信念。那么，信念从何而来？反思我们前面对意识的讨论，可怕的、冷冰冰的事实就是——信念是从无从解释中而来。

　　对于 $Q$ 型机器的采用是否会有助于使一个物理系统产生概念呢？我的看法是这会促进机器产生新的行为结果，而非"概念"本身，即量子机器依然难以获得对概念的自发产生能力。然而，量子机器的高效运算能力却会使得该物理系统能提高其对概念外延的猜测能力。

## 4.7　理论物理机器的物理系统实现

### 4.7.1　$C_{\mathrm{I}}$型

　　我们将 $D$ 型机器的物理实现系统称为 $C_{\mathrm{I}}$ 型机器。这型机器事实上以数字计算机的形式被普遍应用。事实上，我们可以把 $C_I$ 型机器看作通用图灵机在只能被给予有限长度的"磁带"（即计算资源）时的功能降级版本。我们还未见到过图灵机的物理实现。当然，遵循时间是不可逆的前提，把我们世界上的所有未来时–空、我们所有的未来智力努力看作无限，然后考虑进去，则图灵机在这种意义上可以存在[4]。可是，这需以保证图灵机不会失效，即不会永远停机为前提。因为其一旦永远停机，便意味着我们的时–空和智力活动将不再能够作为其可用的资源，即带有程序与数据的"磁带"。自然，图灵机也是"巧妇难为无米之炊"。

## 4.7.2　$C_{II}$ 型

我们将 $P$ 型机器的物理实现系统称为 $C_{II}$ 型机器。这型机器目前尚未见到。然而，原则上若是世界上确实存在随机的事物且我们可以观测到，那么对于这种机器所需的随机机制，如随机数的产生，可以使用观测"实际的随机事件"的方式来替代。故而，这一机器的可能物理实现为 $C_{II} = \{$ 随机事件观测器，离散化工具，$C_I$ 型物理机器 $\}$。

这型机器的设计要点为如何保证所需的随机分布，即需要的真的、足够类型的随机数，并保证其概论意义上的确定性。目前可见的这类机器实际上是一个假的版本，称为 $C_{II}^*$ 型（因其实际为假，故如此标注，表明其看起来似乎是 $C_{II}$ 型机器）。其随机数值的产生乃是依靠一个 $C_I$ 型机器以确定的算法来模拟，称为"伪随机数"。可以认为 $C_{II}^* = C_I$。

## 4.7.3　$Q$ 型

我们将量子机器 $Q$ 的实现系统依然称为 $Q$ 型机器。这种机器依据量子系统的行为进行工作。虽然哥本哈根学派否认对量子行为做出本体论上的解释，窃认为可以至少在其运行的亚原子层次上用平行宇宙的观点来解释其行为[5]。然而，对于其如何避免不必要的观测的影响，理论上尚无系统的解决途径。虽然理论上尚未证明通用图灵机不能模拟量子计算机的工作，量子计算与信息处理已经显示可以比 $C_I$ 型机器获得更高的计算效率[6]。这主要是其并行计算与多态的相关机制（correlation）决定的，即它可以同时计算多个耦合的过程。我们尚不清楚：理论量子计算机可以解决哪些 $C_I$ 型、$C_{II}$ 型机器本质上不能解决的问题。这类问题不是由于受计算资源所限而不能解决或求解计算效率太低以至于无法给出实用解法。量子机器的物理实现依赖两个条件：实现具有某个数量级的量子比特的量子器件、避免不必要观测行为对量子计算过程的干涉的隔离或消散（decorrelation）机制。这两个要求目前均对此型机器的研制提出了严峻的挑战。

### 4.7.4　*qQb* 型

我们将夸克机器的实现系统称为 *qQb* 型机器。实现这型机器需首先解决的问题如下所述。

（1）如何将夸克短暂的存在状态 [7]（如 μ 夸克的寿命为 $10^{-24}$s）进行记录或延续？

（2）如何获得足够的能量用于产生足够数目的"夸克们"？

（3）如何分别记录、保存一个夸克中的不可分离存在的所有成分？

前两个问题给技术实现手段提出了巨大的挑战；而最后一个似乎尚无可以依赖的技术原理。

## 4.8　其他类别的机器

### 4.8.1　混合结构的机器

对于机器的组织形式，自然会有组合各种机器的混合结构的机器形态，我们不讨论这些类型的机器。这是因为其并不添加新的功能，而只有实际的技术集成带来的好处。并且，由于我们在讨论中限定它们工作的层次仍旧是物理层次，其间的作用自然不会导致物理层次上的实体结构的出现。

### 4.8.2　使用连续量的机器

考虑物理世界在亚原子层次的量子化本性。那么，我们无法假定连续性的机器的存在。所以本书只考虑使用离散量的理论物理机器。

### 4.8.3　并发机器

我们亦不讨论这种机器，因为任意一个单元机器数目有限的并发机器均可使用一个体现这一数目的相同维数的向量机器来代替。这些单元机器之间的互动方式均可用向量间的矩阵转换关系来表述。同样，这些互动方式也存在数值逻辑意义上的确定性、概论意义上的确定性两种情况，如同其各个机器的运行也会有这两种选择。联系 4.1 节的分析，这类机器也不会产生结构上的变化。

# 4.9　非决定性的机器

## 4.9.1　体现某种非决定性的机器

### 1. 概率机器

虽然某一事件的所有样本的全体的数值分布遵从一个确定的分布函数，然而每个样本的值的出现时机却是非决定的或部分非决定的，如一个高斯白噪声或一个马尔可夫随机过程。

### 2. 量子机器

量子系统体现出了三种意义上的决定性[8]：①叠加态的系数在某一时刻系数是确定的，且各个系数之间满足复数系统中的平方和（或希尔伯特空间中的向量长度）归一化；②系统在无外界观测的条件下具有确定性的演化过程；③量子系统的复合遵从张量积的确定性方式。然而，存在外界观测时系统的坍缩态却是由外界的观测来决定的，而非其自身。同样，测量中得到对系统的态的可能值遵从一个确定的、由量子系统测量前的态与确定性的测量手段同时决定的概率分布。

然而，倘若量子系统本身的成员是既定的，上述两种非决定性仍然不足以产生结构上的变化，如新的概率分布的产生。

## 4.9.2　莫名其妙的机器

### 1. 产生新概率分布的机器

似乎这种思想是奏效的，即设计概率量子机器使其态的叠加系统均为随机变量。然而，其本质依然可以还原为一个具有确定概率分布的量子机器。

所以，目前我们不知道如何得到这种机器。

### 2. 产生新逻辑的机器

改变逻辑规则意味着增加新的公理、逻辑规则并保证逻辑相容性。我们暂不考虑消除某条公理与逻辑规则的方式。这种机器依然不能从物理机器中获得。

### 3. 自然界中的非物理机器

1）化学反应过程

其既产生新的物质又产生新的概率分布，即在不同条件下的化学反应的双向比例、物质浓度。

2）创造性的思维过程

因为这恰恰是我们要实现的目标，故而出于医学伦理学的道德要求，目前普遍禁止利用人、动物等直接作为实现用的"机器"。当然，我们可以讨论用生物的细胞，如神经细胞等。

# 4.10　结　　论

悲观的是依据我们对概念体系、概念理解过程的分析，符号机器、概率论确定性机器、量子机器都不能实现概念的产生功能。符号机器与概率论确定性机器只能传递符号，并对"新结构的产生"[9]爱莫能助。而若要将量子机器用于双方概念的理解，则需解决如何确保在所需的时刻能将两个机器进行态的纠缠，之后又可以进行隔离。而对于可能存在的其他物理机器，如夸克机器，除了我们对其实现为时尚早外，还有理论上的挑战：如何将某一夸克机器的状态保留、传送或复制给另外的夸克机器。似乎，要追求体现创造性的概念产生能力的机器，我们得离开物理机器的范畴，去寻求化学过程、生命过程等具有创生能力的过程的支持。我们要从物理的层次走向认知的层次。

统观本书对认知发展的相应本体论、认识论和方法论的分析，我们还可以看出同一问题在这三个侧面间的相互联系。例如，一定程度上，不可还原性可以从不可计算性中得以理解。这反映了本体论和方法论间的关联。又例如，物理世界的变动导致物理规律可能发生变动，尽管这种变动在时空中很细微，或者是时空本身也发生了变动。更进一步地，科学理论并不完全是确定性的理论，而理论也并不一定全是可计算的。这反映了认识论和方法论间的关联，也间接地揭示了本体论的非恒定不变或非确定性的存在状态。此外，从实践的角度我们可以进一步推想：在作出行动决定之前，需要关注的是，作为行动的决策者，我们能否愿意去承受进行该行动将导致的相应的实践结果。这自然要诉诸于群体的道德理性。尽管可以将道德理性地视为认知发展的产物，本书将不对此问题进行讨论。需要强调的是，尽管原则上对于相互作用的事物，或是我们的认知活动伴随的实践导致世界的本体发生变动这一事实，我们难以严格地、无歧义地区分出因与果，在认识论意义上，关注事物间因果关系的因果论依然是我们当下可以放心使用并凭借的工具。

# 注　　释

1. 如我们先前提及的机制主义主张。
2. 参见 2.1 节。

3. 这一论点需要比照不能进行形式化的数学分析进行分析。

4. 这种观点是多伊奇（David Deutsch）的（多伊奇，2016），还可参见文献（多伊奇，2008）的第 14 章。

5. 这一看法比多伊奇（David Deutsch）赞同的平行宇宙的看法要保守些。其看法见文献（多伊奇，2008）的第 11 章。他认为倘若对我们处于生物层次的人，也会在另外的宇宙中存在复本。我倾向于认为，即便是处于技术分析上的方法论考虑而非本体论，也只需考虑亚原子层次的平行宇宙说法。我们可以认为，平行宇宙就是这样奇异，它们只存在于亚原子层次，却归结于我们的"同一个世界"的原子层次。我想，这至少可以让薛定谔的猫和我们所爱的人避免些生离死别、亦幻亦真的折磨。

6. 这些结论见文献（Nielsen et al.，2000）中 1.1 节和 3.2 节。

7. 请参阅文献（施贝瓦，1987）。

8. 对量子力学系统的性质的总结可以参见文献（Nielsen et al.，2000）中 2.2.9 小节。

9. 按照我们前面的说法，此即为产生新的概念、得出新的理论的决定过程。

## 参 考 文 献

多伊奇 D. 2008. 真实世界的脉络. 黄雄，译. 桂林：广西师范大学出版社.

多伊奇 D. 2016. 真实世界的脉络：平行宇宙及其寓意. 2 版. 梁焰，黄雄，译. 北京：人民邮电出版社：343-365.

施贝瓦 H. 1987. 夸克. 沈莜，译. 上海：上海翻译出版公司.

Nielsen M A，Chuang I L. 2000. Quantum Computation and Quantum Information. Cambridge：Cambridge University Press.

# 第二部分：对他人的尊重

# 第 5 章　对待机器认知的主要观点

## 5.1　引　　言

我们考虑对这个问题的不同回答：认知这种现象可否被一种理论所描绘？更进一步地，可以描述至何种程度？

对此的回答可以分为四种类型[1]。

### 1. 可以（计算主义，简记为 $C$）

这种观点以认知是一种信息处理过程的认识最为激进[2]。其主张毋宁说是一种深深的信念，而非是一种确信。因为这种观点认为认知并不包含除了信息处理之外的其他任务，或者说，除了"信息"与"信息处理"的概念，持这种主张的人尚不愿或还未决定用其他什么替代物来描述认知过程更为合适。

### 2. 可能（朴素主义，简记为 $U$）

这种主张认为认知或许可以被某种理论描述，但不是用目前的理论。对于制作具有认知能力的机器，我们总可以持一种探索的态度。业余的研究者与工程师或许多持这种态度。

### 3. 不可以（直觉主义，简记为 $I$）

这种主张认为认知或其要件是不可知的。其主要的先驱代表为康德所示的拥有先验概念为人之认知过程得以进行的前提[3]。这类观点实质上可以回溯至苏格拉底与柏拉图的"理想世界"这一哲学传统[4]。

### 4. 不可能（自然主义，简记为 $N$）

这种主张认为完全理解认知活动这一目标超过人类理性的极限，故而不可能去获得描述认知奥妙的手段[5]。如我们可以生育有认知能力的人，甚至使用生物手段来改造人，但我们注定无法用非人的材料做出非人的机器来创造出新的类别的认知主体。

# 5.2　对计算主义的主张的分析

## 5.2.1　本体论

其基本预设为认知即是信息处理过程。

细微探究研究者使用的信息概念，可将其分为两类：数据与知识。前者还具有数值确定性与概率意义上的确定性两种形式；后者可以表达为一种符号体。此种观点还假定有如下认识。

### 1. 认知活动以符号操作方式进行

此以遵循"符号物理假设"的数字计算机最为典型。我们在前面内容中已将其称为 $C_I$ 型机器。

### 2. 认知活动以数据运算方式进行

此以依照统计式的机器学习观点最为典型。我们在前面内容中已称这种类型的机器为 $C_{II}$ 型机器。

自然，一个信息处理机器可以对这两种形式兼而有之，表现出既有明晰知识（explicit knowledge），又有隐含知识（implicit knowledge）。前者指可以用语言、符号描述的知识；后者指只能用行动来体现的知识。属于前者的是如知晓做一件事情的步骤；后者则如能够可靠实施一个机体动作。

## 5.2.2　方法论

数理逻辑、计算统计学分别用于两类知识的表述。

对于明晰的知识，其可以很好地结构化表示，利用规则系统进行描述是常见的举措。当然，明晰的知识包含有串行的结构和并行的结构。串行的结构适合用逻辑系统来描述；而并行的结构经常要使用算法规则来描述。

对于隐含的知识，计算统计学则担当其纲，用一个动态的、经常也容纳并行子过程的计算过程来体现对该类知识的表示；通过计算的结果体现对该类知识的应用目的的达成与否。

## 5.2.3　认识论

从制造机器的角度讲，实现机器的方式实际就决定了该机器的能力范围。这就是本书使用"认识论"这种措辞的用意。它一方面表明了机器对认知过程的实现方式；另一方面也反映了对于认知现象我们进行探求、观察可用的手段。

在这一观点中，最常用的实现机器便是体现有限状态自动机的系统，即数字电子计算机。即使对使用统计数据工作的机器，除了使用模拟计算机之外，也是主要由数字电子计算机进行算法上的模拟实施。

## 5.3　对朴素主义的主张的分析

### 5.3.1　本体论

其观点可以表述为"认知不等于信息处理过程。然而，不知其为何种过程。"

这个观点只是表明认知与信息处理过程并不相同。至于，认知比信息处理多了什么却没有深究。其核心的论据是实际上没有看到可以胜任认知行为的信息处理系统。

### 5.3.2　方法论

其对方法论尚无探讨。我们可以认定此种观点只是一种诚实的态度而已。

在具体的研究上，持这类主张的人认为：与其去讨论一个尚不知道的达成路径，不如不做限制，用所有的可能去试探。可以说，朴素主义者关注于去实践，而非审视目前的可用工具是否可以依仗。盲目地试探极可能会走入死胡同。

### 5.3.3　认识论

其对认识论亦无探讨。我们再次可以认定此种观点只是一种诚实的态度而已。

他们只是简单的主张：要研究具有认知能力的机器；要实现这一目标，就需要借助目前尚未建立的理论。至于这些理论能否建立或者能否由人类建立则没有进行探究。可以说，这种朴素的观点代表了对认识论问题的回避，体现了一种单纯的乐观精神。单纯的乐观极可能会使人徒劳无益。

## 5.4　对直觉主义的主张的分析

### 5.4.1　本体论

我以 Changizi 对认知过程的对待方法[6]进行讨论。其认为认知可以分成两个过程：归纳与演绎。在这个过程中，归纳过程是不可以由理性进行表达的。这表明：假说的提出过程是不可知的，亦是不可探究的。然而，我认为可以问这样的问题：这种提出假说的过程是否是可以干预的？我们应该将这视为后续研究需要认真探讨的一个重要问题。

### 5.4.2  方法论

其方法论可用这句话来体现——"我们只可对其演绎的部分进行理论化，并且对之采取的方法与计算主义一致"。

这说明，直觉主义认可其仅有手段对认知过程里的演绎环节进行计算。自然，形式逻辑适用于进行对演绎过程的表征。

### 5.4.3  认识论

我们使用"理性的"工具，即机器。然而，这种机器是不具有归纳能力的，亦不会产生概念。我们在这里可以问这样的问题：不具有归纳能力或不能产生概念的机器是否可以理解概念呢？依据我们在前面内容中的主张，新的概念的理解实质上就是该概念的产生过程，而既有概念的理解实际上接近于产生该概念的过程的简化形式，那么，至少对于"新的概念"，该类机器不能完成理解。

## 5.5  对自然主义的主张的分析

### 5.5.1  本体论

这种观点与计算主义似乎一致。然而其论据的差异在于做出了这样的预设：认知只是人，或许还包括动物，乃至生命的属性。这可以看作认为身体决定心灵的一类观点。这种观点一般认为认知必定要有一个生物-生理实体来利用，如源自神经细胞、神经系统、脑与身体的其他部分的互动过程。这种材料决定了认知这种能力只能从动物身上得到体现。

### 5.5.2  方法论

所以，典型的自然主义者认为我们"只能把利用、干预神经细胞的活动作为认知行为的最终来源"。这表明："解铃还须系铃人"，要理解认知过程，唯一可以使用的是对认知主体的生物干预手段。当然，这种干预可以发生在神经递质、神经细胞、神经系统或行为层次之上。

### 5.5.3　认识论

同样，最合理的工具就是利用"神经细胞"这一认知能力的终结者去考察我们的心灵。当然，我们还可以把认知活动最基础的执行单元归为"神经系统"和"体液调节系统"。

从这种主张可以看出：自然主义认为只能从生物的角度去得到具有真正认知能力的个体。这种主张还蕴含着可以通过生物改造，尤其是神经细胞干预或改造的方式去获得比人类更具认知优势的个体。

## 5.6　物理机器的认知能力

各种主张对这些机器的认知能力的判断见表 5-1。

**表 5-1　各种主张对物理机器的认知能力的判断**

| 主义 | $D$ | $P$ | $Q$ |
|---|---|---|---|
| $C$（计算主义） | √（$C_{\mathrm{I}}$） | √（$C_{\mathrm{II}}$） | – |
| $U$（朴素主义） | × | × | ？ |
| $I$（直觉主义） | × | × | × |
| $N$（自然主义） | × | × | × |

注：$D$ 表示有限的确定性机器；$P$ 表示概率机器；$Q$ 表示量子机器；$C_{\mathrm{I}}$ 表示符合操作型机器；$C_{\mathrm{II}}$ 表示数据运算型机器；"√"表示能；"×"表示不能；"–"表示不必考虑；"？"表示可以考虑、或许可能。

从表中可以看出，计算主义认为有限状态自动机器和概率机器能够被用来产生认知能力，但其对量子机器能否具有认知能力不置可否；朴素主义与计算主义的观点相反，但对量子机器能否具有认知能力表示怀疑；直觉主义和自然主义认为有限状态自动机器、概率机器和量子机器都不能具备认知能力。

## 5.7　结　　论

本章首先分析了四种对物理机器能否获得认知能力的主张。之后，针对每种主张讨论它们对各种物理机器的看法。我们没有对它们的本体论、认识论与方法论做出详细的论述，只是简要表明了我们对其的判断。

在这些主张中，只有计算主义对机器可以具有认知能力持有信心。然而这只是一种信念，而非确证。其基本的论点为认知即是一种复杂的信息处理过程，而信息处理过程便是计算，即算法的实施。由于丘奇-图灵论题（Church-Turing Thesis）的主张表明"只有递归算法是确保能够完成停机的"，故而，算法要实际应用，需先转变为这类自指性的程序。然而，如同我们在第 3 章中所述，不完备性定理已经表明：基于自然数的形式系统对于自主性命题是无法证明的。换成对算法的说明，即是说明递归算法是否可以停机不能由形式系统自己判断。这说明，利用计算过程来超越其起先不能够进行的功能是不可行的。这样，计算主义的主张是建立在空中的楼阁。它混淆了这两者：人站在形式系统之外可以对形式系统的能力做出判定；而形式系统仅凭借自己的证明去自证其明、去判定自己的能力则是徒劳的。

# 注　　释

1. 对这些主义的概括，我只是出于一种表示上的方便所作的区分，并未去关注其与流行的说法是否吻合。

2. 派利夏恩（Pylyshyn）的主张可以作为代表（派利夏恩，2007）。

3. 参见文献（Kant，2007）或（哈瑞，2006）的第 4 章以领略其要义。

4. 参见文献（Plato，2012），苏格拉底表达了理想之物，如灵魂的独立存在。在文献（柏拉图，1986）中，柏拉图亦更明确地表示了如几何等观念的独立存在。

5. Samuel 在论及人工智能的相关性问题的解决时亦表露出这种观点："……对于解释相关性-敏感度的旷日持久的失败的最佳解释只能是诉诸于认识论……（…the overall best explanation for the pervasive failure to explain relevance-sensitivity is an epistemic one…）"，参见文献（Samuel，2010）第 292 页。

6. 请参见文献（Changizi，2003）的第 3 章。

# 参 考 文 献

柏拉图. 1986. 理想国. 郭斌和，张竹明，译. 北京：商务印书馆.

哈瑞 R. 2006. 认知科学哲学导论. 魏屹东，译. 上海：上海科技教育出版社.

派利夏恩 Z W. 2007. 计算与认知——认知科学的基础. 任晓明，王左立，译. 北京：中国人民大学出版社.

Changizi M A. 2003. The Brain from 25,000 Feet: High Level Explorations of Brain Complexity, Perception, Induction and Vagueness. Dordrecht: Kluwer Academic Publishers.

Kant I. 2007. Critique of Pure Reason. Translated by Weigelt M. London: Penguin Books.

Plato. 2012. Apology. North Charleston: Creat Space Independent Publishing Platform.

Samuel R. 2010. Classical computationalism and the many problems of cognitive relevance. Studies in History and Philosophy of Science, 41: 280-293.

# 第6章 认知结构的不同实施方法

## 6.1 引　言

在人工智能的研究者中，对机器如何解决问题存在两种对立的做法或思路：基于模型的与基于学习的。这反映了人类对理性运用的两种模式：是否回避自主性命题，即让机器是否可以具备自主性以及是否应该被允许具有自主性。

持前一种思路者认为无须考虑机器的智力这样一个问题。我们这里不关心这类主张是出于什么理由。这种主张认为：倘若我们要使物理机器具有某种行为，我们必须拥有对这一活动的充分的、某种意义上的确定模型，然后该机器才能够按照我们事先所给出的模型进行确定性的运作；在此运行过程中，机器只是模型的忠实的执行者；我们所设计的机器只是自动机器，而非具有自主性的机器。机器只是在利用着我们的智力成果，而非进行什么思考。

而企盼后一种方法能够奏效者认为：由于我们无法实现将机器需要解决的问题、面对的情况完全表述清楚或者我们不愿做这种费力的工作，我们可以设计某一种机制，使得机器能够向我们学习或自行学习；这种机器的能力是可以自主扩展的，可以超越原来的程序最初运行时所体现出的能力。对于可以学习的机器，其学习的机制可以分成两类：监督式学习方式与自主学习方式。监督式学习需要使用者、设计者实现准备例子并在机器的"学习模式阶段"判定其行为的恰当与否。之后，机器便可以进行能力的"范化"，即进行对未经历的某些情况的处理。自主学习的机器则可以自行观察外界的事件进而自行产生新的行为。对这种机器最强烈的期望莫过于去考虑如何让机器具有认知能力；更进一步地，如何让机器获得某种一劳永逸的认知发展机制，其行为可以呈现不断的增进。同样，我们不讨论结合这两种做法的做法，因为这实际在态度上是模棱两可的、在概念上是层次混淆的、在实践上亦会导致矛盾丛生、举步维艰的。

我们可以从实用主义的角度来对这两种思路进行设问：

（1）由某种做法指导下的实践已获得了哪些对方目前并未获得的能力？

（2）在双方都能解决的问题上，从效率与结果的满意程度评判，孰优孰劣？

暂时，我们不从下面的理论论证的角度来讨论。

（3）这种做法能够产生通过其他途径注定不能获得的何种能力？

下面，我们将关于学习的机器的不同实现主张分别进行讨论[1]。

# 6.2　符号主义方法

### 1. 预设

符号主义方法的研究者认为若将某一物理世界中的事物以符号命名，再将其中事物间的相互转换与作用关系用符号的转化关系即规则集表示，那么，借助于建立好的符号系统（包括符号与其规则集）便可以模拟该物理世界的运行。在只评判物理系统的行为的抽象概念的角度，该符号系统的运行与物理系统的运行是等价的，称为物理符号系统假设[2]。

### 2. 代表系统

符号主义的代表性系统或方法很多，我们只以产生式系统[3]为例。

产生式系统将认知主体或代理者（agent）的行动视为根据规则对接收到的输入信息进行推导，从而给出合理的决策。其思路就是事先为机器设置好知识与规则，即进行知识表达，得到一个一阶逻辑系统，而后根据当时的条件进行推理。

作为一类非标准的产生式系统，Soar[4]体现了结构主义的这种主张——结构决定系统的功能。

### 3. 评述

这类系统的结构不能发生变化，故而不可拥有认知能力得以发展的标志行为，即规则/结构的变化。

# 6.3　联结主义方法

### 1. 关于智力的本体论预设

一定规模的简单个体通过简单的互动行为，可以从整体上表现出、发展出更复杂的行为，便可以解决单独个体难以解决的问题。

### 2. 涉及的基本问题

#### 1）个体的自身行为方式

个体的自身行为方式包括其单元模型（如"决策"、计算、学习方法）、互动行为方式（即整体或网络结构），倘若是确定式的，那么，其未来的集体行为必是确定的。然而，这种常识往往被研究者忽略了。

2）个体间的初始关系（即网络结构）是需要事先设定的

这便带来另外两个问题。

（1）这导致了逻辑结构被隐含于初始的网络结构中。这恰好与联结主义主张的无须逻辑的智能实现路线[5]相悖。

（2）这一结构对"未来"的能力发展具有明确的限制。实际上，此种初始结构即限定了其未来的结构并不会发生变化。所谓经过学习或运行后出现的变化乃是连接程度的变化，即单元彼此间的互动方式导致的互动程度的变化。虽然有建构神经网络（constructive neural networks）的研究[6]认为其可以设计出结构变化的网络，然而，实际上只是给定了一个最终的变动范围，即一个确定的可允许的结构的集合，可使机器的结构在这个范围内做出调整以适应不同问题域或问题的变化。

### 3. 认识论的预设

此种预存结构的存在要求我们需对机器设定何为"真理"或"知识"。这些知识的设定部分是具身（embodiment，即固化）至其网络结构中的，部分则需要由系统在运行中的外部刺激及或许需要的指导者来提供。

这样一来，这个系统实际不存在这样一种机制，可称为归纳机制[7]，来产生出概念——因为它自己无法产生出知识用于摆脱现存的结构。更致命的，比之符号逻辑系统，联结主义的机器亦不存在直接进行"演绎推理"的可能，虽然它可以进行"统计推断"。

### 4. 方法论上的实现

首先分析对联结主义的计算实施方法。

（1）确定性的动力学过程。

以人工神经网络（artificial neural network，ANN）[8]为代表，特殊地，还有建构神经网络，这类方法无法产生实际意义上的新的结构。

（2）统计推断过程。

以统计学习方法为代表，如支持向量机（support vector machine，SVM）[9]、统计模式识别的各类子空间方法[10]。这类方法依然对问题的新的结构的辨识与提出新的结构无能为力。

接着我们讨论对联结主义的机器的实现方式。

（1）利用数字计算机进行模拟。

这只是一种模拟，但其实质表明了确定性动力学的联结主义模型与符号逻辑系统的等价性。

（2）利用专用硬件来实施。

如利用非线性模拟运算过程的细胞神经网络（cellular neural network）芯片[11]。这种运算过程依然是确定性的过程，由于模拟量的利用，系统的可描述能力比之数字系统将得到提高。然而，其依然是确定性的动力学系统。

# 6.4　自组织动力学方法

### 1. 本体论的预设

智力行为是在多个彼此尚未建立更强烈的制约关系的个体间涌现而出的新的行为；这一涌现导致其从整体上出现了更为复杂的新的结构。我们所要寻求的是去"建立"个体间的互动方式，使其继而可以自行发展。这些互动方式一般采用非线性的动力学过程给出。当然，供给它们丰富的信息时常是需要的，但并非是必要的。

### 2. 代表系统

例如，自组织映射（self-organized mapping，SOM）网络[12]、人工生命（artificial life，ALife）[13]。这类系统连同联结主义的系统实质上均支持时间反演，无论以数值上的确定性方式还是以概论意义上的确定性来实现其动力学迭代过程。这实际上与其追求的新的行为涌现的本身的"不可逆性"相矛盾。当然，遵循皮亚杰（Jean Piaget）的思想，发展认知学的研究者也看到了认知对世界结构的作用[14]。但是，一个确定性的、即使是非线性的动力学系统依旧无法表述新的结构。实质上，从动力学系统的数学理论本身，就是去试图建立一个确定性的关于未来状态如何变迁的方程，这已经将确定性预设了。

### 3. 我的观点

一种纯粹描述性的理论不能看成一种构造性的解释，因为它不包含可操作的方法，故而并未必然蕴涵"复现"某一现象的可能性。

# 6.5　统计学习机器

这类机器可以归结到使用统计推断进行工作的联结主义机器之中。

### 1. 本体论的预设

这类机器均遵从贝叶斯公式：$P(A|B) = P(B|A)P(A)/P(B)$。当给予某些不可变更的假说时，如 $P(A)$、$P(B)$，则可用事先确定的存有关联性的观察事实（$P(B|A)$）去修订事先在理论上做出的关联性假定（$P(A|B)$），那么，智力过程乃是一种假设

与实践的循环式探索。然而，其本体论上的局限在于：无法产生新的假设结构，只能不断修订原有的部分假设内容，所以不能修改所有的假设。

### 2. 代表系统

典型的有朴素贝叶斯机器、支持向量机（SVM）[15]、流形学习算法[16]。

1）SVM 的本质

在最小风险准则下对样本的结果进行范化（generalization）。

2）流形学习的本质

对于非线性问题的解决采用降维的方法：首先进行降维，然后在其低维下的线性空间对其进行求解，最后将结果返回至原有的高维空间内。

### 3. 先天的限制

（1）问题空间的规模受机器的规模（即向量的维数）制约。

（2）只能解决结构确定的问题，不能用于发现问题中的潜在结构。

### 4. 能力的局限

这类机器可以用来提高计算的效率及结果的可靠性。然而，对于学习而言，它们只是用来进行对某一预设结构的参数估计或优化，并不能发现问题的新结构。

## 6.6　自然计算方法

这里，我们将自然计算的含义限定在对基因、免疫、代谢这些分子行为以及生态系统作用的所谓计算机制的借鉴之上，而不去关注对动物学习行为的借鉴，如增强学习。

### 1. 本体论的预设

基于智力是突变的结果这种观点，这类方法的本质是在确定性算法中引入一种不受控的"突变"机制，借以某种预设或外部负责判断的"目标函数"，来使大量的数据计算单元通过改变自己的计算过程来寻求对目标在概率论统计意义下的接近。

### 2. 代表算法

如演化计算[17]、生态计算[18]、免疫算法[19]等。

3. 特点

这类方法有如下特点。

特点 1　"突变"是随机的、外部决定的，即对于机器来说是非决定性的。

特点 2　"目标"是外在设定的或选择的。其原则上是不可由机器自行描述、修正或替代的。

特点 3　基因的数目实际上决定了个体的能力空间的大小，或者可以说这限定了机器可以解决的问题的结构。

4. 分析

从其特点 1 可知该种理论机器是非决定性的；从特点 2 得知该系统的计算结果判定问题是外部决定的，故而该系统没有自主性，即它不能形成自己的意图；从特点 3 得知该系统的能力是有限制的，除非我们使用无限多的突变因素，即无限长度的基因序列。

此外，由于我们尚未拥有能够应用的产生真实的概率论分布的随机物理机器，对这种理论机器的物理实现，我们只能以 $C_1$ 型机器进行模拟。这使得该机器本质上已经蜕化为一个在有限假设空间内进行试错，而评判准则需要事先规定的机器。

# 6.7　混合系统方法

在后面内容的讨论中，我们先将混合系统（$H$）方法限定为联结主义、符号主义方法、自然计算类方法的结合，而先不去关注联结主义和统计学习类方法的结合（如深度学习、流形学习算法等）。

1. 本体论预设

这种做法起源于分级而自治的技术思想。其认为智力行为是不同层次的机制的整合。一般认为：自上而下可依次有符号层、联结层、演化层。此结构需解决的首要问题是如何建立各层间的关系。

2. 典型结构

一般认为各层间的关系必然包括两类：自下向上的与自上而下的。

为了使得这样的一个自给的系统得以存在，需要特别设计各层的联系方式。对这些联系会有如下的约束。

约束 1　如同在前面章节论述层次论的要义的时候，我们将上行的联系称为涌现、下溯的联系称为根植。这些联系的方式需事先假定。

约束 2　欲使"涌现"畅通，需使邻近下层实质上包含直接上层的所有可能的结构。例如，使演化层之基因包含"可能"的网络各层的各种结构。这实质上说明了：下层限定了上层的问题解决空间或结构空间。

约束 3　欲使"根植"可允，较抽象的上层需知晓下层的实现细节，否则它将不能决定选择下层中的哪些单元进行"根植"。这实际上说明了：上层反过来又可以影响下层的结构。需要说明的是，这里知晓一词是从设计者的角度来论定的。

约束 4　欲使层次关系得到保持，需对各层设置些许"自由"，即它们的某些活动，如运算，只会影响本层，而非其关联的其他层次。这说明：需要系统层次间可呈现出松散的、非完全的连接。这样，层次间方能有非绝对性的互相决定效应、部分个体间彼此的影响效应得以出现。

## 3. 讨论

下面，我们分析这些要求是否被一个混合系统所完全持有。逐次讨论如下各种情形。

（1）若满足约束 1 和 4，则对于约束 2 和 3 只能部分满足，降格为仅可部分实现的版本。简而言之，约束 2 和 3 需抛弃。

（2）若约束 2 和 3 要同时满足，则会导致"逻辑"上的"自举"。从而，两者只能满足其一。即从决定论的角度出发，它们不可能互为因果，同时彼此决定。这就说明约束 2 和 3 不可能在因果决定论的意义上同时得到满足，约束 1 是无法成立的。

（3）同时满足约束 1 和 4 在逻辑上是可允许的。然而，从设计者的观点出发，你无法决定它们各层间的联结关系，即使仅考察约束 2 或 3。因为作为一个设计者，你不可能也不愿意设计一个你自己尚不能完全把握的机器；这跟人们生了儿女却会时有抱怨"翅膀硬了，管不了了"不同，除非你不想对你的这一设计行为的结果负有责任。倘若是这种放任的态度，这就表示你并不期待真的设计出什么来。因为你对它不能做什么事情并没有什么限定，并且对它到底能做什么、如何得以做到也并不理解。这就表明了只满足约束 1 或 4 在技术设计上是不可取的。

## 4. 结论

我们的结论即为这样的机器，从因果决定意义上，是不可能存在的；其从技术设计上亦是不能也不允许得到的。这里，这样的机器包括这些典型的混合智能系统：符号逻辑-人工神经网络系统、人工神经网络系统-演化系统、符号逻辑-模糊逻辑-人工神经网络系统-演化系统[20]。我们将符号逻辑系统与数值统计系统的混合系统——模糊逻辑（FL）系统[21]的讨论略去，对其结论亦如此。

## 6.8　各种方法使用的理论物理机器类型

我们接着讨论这些不同主张将如何采用适宜的理论物理机器来实现。

这里我们不考虑所谓蜕化的概率机器等价于逻辑机器、蜕化的量子机器等价于逻辑符号机器这些说法。我们只考虑真正的概论机器、真正的量子机器。

1. 目前已有的机器实现方式

不同主张业已采用的理论物理机器见表 6-1。

**表 6-1　不同主张业已采用的理论物理机器一览**

| 机器类别 | $L$ | $C$ | FL | SO | SL | $E$ | $H$ |
|---|---|---|---|---|---|---|---|
| $D$ | √ | √确定性网络 | $ | √混沌系统 | $ | $ | $ |
| $P$ | × | √随机网络 | √ | √随机动力学 | √ | √ | √ |
| $Q$ | × | √量子网络 | – | – | – | – | – |

注："$"表示只能以模拟方式实现一种伪的、虽然可接受的过程；"√"表示真的能；"×"表示不能；"–"表示不必考虑；$D$ 表示有限的确定性机器；$P$ 表示概率机器；$Q$ 表示量子机器；$L$ 表示逻辑主义方法的主张；$C$ 表示联结主义方法的主张；FL 表示逻辑模糊系统的主张；SO 表示自组织动力学理论的主张；SL 表示统计学习方法的主张；$E$ 表示自然计算方法的主张；$H$ 表示混合系统方法的主张。

2. 能满足真实实现要求的实现方式

能满足要求的可被各种主张采用的理论物理机器见表 6-2。

**表 6-2　能满足要求的可采用的理论物理机器一览**

| 机器类别 | $L$ | $C$ | FL | SO | SL | $E$ | $H$ |
|---|---|---|---|---|---|---|---|
| $D$ | √ | √确定性网络 | × | √混沌系统 | √确定性 | × | × |
| $P$ | – | √随机网络 | √ | √随机动力学 | √随机 | × | × |
| $Q$ | – | √量子网络 | – | √非决定性动力学 | × | √ | √ |

注："√"表示可能；"×"表示不能；"–"表示不必考虑。

3. 讨论

（1）对于符号逻辑系统，我们限定其为纯粹的符号与拥有确定性规则的系统。对于其规则遵循概率方式的非确定逻辑系统，我们可以认为其等价于模糊逻辑系统。对于其规则需遵循量子行为的所谓量子逻辑系统，我们可以认为其等价于量子化的联结网络，即量子网络，因为关于其逻辑值的确定乃是遵循量子的相干行为。

（2）对于联结主义的机器，我们主要分析：这一范畴内的哪些系统需要产生特定的某些概率分布？哪些系统需要产生特定的随机过程？如果需要特定的概率分布，那么就需要概率机器，当然最好是用或许能得到的通用的概率机器。若需要特定的随机过程，那么就需要随机产生器。所以随机过程的产生器实质上就是某些特定类型的、在时间上为高阶的概率机器而已。

（3）模糊逻辑系统由于需要某些种类的概率分布用于计算不确定的推断结论，其本质上只能采用统计推断的方式进行推理，所以其只能由概率机器来实现。

（4）我们对自组织动力学机器合理的限定为其只具有一层结构，这实际上等同于并发人工神经网络（recurrent ANN）[22] 的概念。而网络的结构变化实际上亦取决于使用者、观测者的判断，而非由网络可以自行知觉或判定。依据它们所使用的动力学过程的不同，相应地可以用三类机器来分别实现。

（5）统计学习机器可以分成两类，确定性的机器和非确定性的机器。由于机器的算法使用或结束条件是以数值方式指定的，而不是以分析或概念为归结的，这些机器本质上是决定性的机器。依据其使用的算法是否需要某些类型的随机数，可以使用概率机器或确定性机器来对其实施。

（6）由于演化计算所需的突变不能由某种概率意义上的随机过程来导致，那么，只有非决定性的机器，并且严格地讲，只有概率意义上的非决定性机器方能实现突变行为。

（7）混合系统中可以分成两类：不包含演化层次的和包含的。前者需要使用概率机器；后者需要使用非决定性机器。

（8）目前对量子物理机器的看法是其可以被用于体现非决定性的行为，然而其若处于未受"观测干预"的独立运行，将具有概率意义上的确定性，而其在被观测了之后就坍缩为确定性机器。

## 6.9　研究认知结构的必要性

在 AI 研究者的主张中，最为对立的观点曾经大多围绕这个问题进行争辩：是否需要将人们通常意义上的知识（即可以由某种语言来表述的东西）以逻辑的方式（即形式化的）表述给机器？这本质上即为是否需要认知结构的问题。

### 1. 需要形式化表示的主张

形式化实际上就是去借符号的规则集来定义机器对其行为潜在的"控制"结构。然而，从表面上看，对于人类经验的表达面临这些困难：环境的不可意料情况（称为非结构化因素）、问题解决的情境与背景相互关系（称为"框架问题"[23]）。这导致我们无法做出在实质上没有被完全描述的环境中进行可靠工作的物理机器。然而，研究者没有去留心反思这些看似苛刻、实为较真的问题：真的存在外在的知识吗？知识真的可以被表达吗？利用原有知识来产生新的知识的条件是什么？我认为这就是在哲学意义上的认识论的考察被忽略了或者被回避了。

### 2. 不需要形式化表示的主张

以 Brooks 关于无须表示的智能系统、之后众多学者乃提倡的"具身智能"（embodiment intelligence）[24] 的主张最具代表性。

基本的看法是算法即是知识的最好体现；运算即是结构的最后实现。新的功能可以从大量的、通常是协调进行的相关运算中产生。系统的适应性就是最后的实践证明。

然而，这种看法导致如下困难。

1）对算法结果的解释需要外在的判断

由于没有语言表达能力，机器不能解释自己的"新能力"。可以做这样的比喻：这些机器碰巧能干却不能说或者是会干不会说。

2）说程序化的知识不是知识是不确切的

尽管这类主张认为使用程序化方法，即算法可以无须进行知识的表达，从而直接实现机器的智能行为。但是，借助模型论[22]这类工具，算法里蕴含的程序化的知识原则上是可以归结为逻辑推理过程的。这说明，知识不是以概念表达的方式只是以程序化的方法被蕴含在算法中了，而非程序化的知识不是知识。

### 3. 认知的结构是否是核心问题？

无论持哪种主张，此种深埋于理想中的追求能够思考的万能机器的想法却没有被研究者清醒地认识到，继而加以不断的反思。有这样一类 AI 的研究者，总是认为倘若寻求不到合适的认知算法，那么就去设计合适的认知结构，而智力将最终从结构中产生。可是，我们需明确：这一结构是建立在逻辑的形式系统基础之上的。

## 6.10　三类系统的不同信息处理能力

对于问题的解决，从工程学的角度可以分为三个过程：建模、模拟与解释。第一个过程用于指代我们针对一个问题或任务的状况构筑出某种理论并最好形成对其结构化的数学描述；第二个过程指我们基于模型构造可以利用的系统、物理原型或仿真软件进行对其行为的复现或产生；而第三个过程则指如何对模拟的结果进行理解与分析。据此，我们便可以将所谓具有信息处理能力的系统分为三类。

1. 具有认知能力的类似专家的系统

该系统拥有完整的三种能力，即对于某问题胜任从建模到模拟与解释的所有活动。

2. 具有学习能力的类似学生的系统

可以进行模拟与解释活动，但对任务的建模却需要由指导者来提供。自然，第一类系统可以充当其指导者。

3. 具有模拟能力的类似工具的系统

其仅能胜任模拟活动。模拟所需的模型由设计者（如第一类系统）来构建，且对其模拟结果的解释需要由使用者来完成（如通过第二类或第一类系统）。

在使用信息的概念时，我们需区分两种含义。一种是香农定义作为信号的不确定度的度量。另外一种是符号所蕴含的语义信息。前者可以通过计算的方式来进行处理。后者则为计算过程所不能直接诠释的。只有当一个系统具有建模、模拟与解释的三个功能后，我们方能认为其可以产生与理解语义信息。概念是核心的语义信息，故而，类型 1 系统可以产生新的概念；类型 2 系统只能理解已拥有的概念；而类型 3 系统只能操作信号（即符号的标记物），并不能理解概念。

## 6.11　分析：人工智能在公众眼中近期的进步实质

近年来，人工智能的实用性算法的发展体现了组合上述各类方法的特点，尤以极多层次的神经网络与统计学习方法的结合为代表。例如，结合了联结主义方法和统计学习方法的用于复杂视觉场景分析的流形学习算法，谷歌公司旗下的"深度思考"（DeepMind）团队结合多层人工神经网络（卷积神经网络）和借鉴动物行为学特点的增强学习（reinforcement learning）的深度学习（deep learning）方法[25]设计的阿尔法狗（AlphaGo）围棋算法。阿尔法狗算法在 2016 年 3 月击败了世界冠军围棋九段李世石[26]。这一次，比之 1996 年 2 月国际商业机器公司（IBM）的"深蓝"（Deep Blue）计算机中利用启发式搜索算法的国际象棋软件击败世界冠军加里·卡斯帕罗夫，更加激发了公众对人工智能的乐观精神和对人类智力优势前景的担忧。此外，类似的算法用于计算机视觉。以特斯拉电动汽车、谷歌无人驾驶汽车取得牌照等新势力造车企业的活动和自动驾驶汽车软件的应用为代表，此类冠以人工智能的驾驶场景感知和分析算法在辅助驾驶方面比之自动导航技术的应用向公众展示了自动驾驶时代即将到来的前景。公众遂认为人工智能取得了极大的实质性进步。

探究其为公众所认可取得巨大进步的缘由，基于本书第一部分（第 3 章、第 4 章）的观点，若仔细分析，可有如下三点。

### 1. 人类的所谓智能行为多数并无智能

人类的许多行为实质上只是利用既定策略的简单"感知-行动"反应。此外，人类的许多需要实时完成的日常行为体现的是在线思考的特点。与之对应，结合我们之前所分析的，创造性的行为需要以隐秘的非意识状态来进行"酝酿"，甚至大多要借助"离线"的方式进行"思考"然后"顿悟"而获得"新的想法"。在思考的过程中，我们还要经常使用人造的计算工具、仿真系统或实验系统来获得所需凭借的数据、事实或特例。

### 2. 人类生活中的许多场景包含"确定性"的成分

可以说：在我们生活的好多场景中，人们对许多任务的完成并不需要进行新的现场思考，只需按照既定的经验惯例来进行反应即可。同理，如在汽车自动驾驶系统中，算法的设计主要是利用"已有的确定性知识"而非"新的知识"。本质上，自动驾驶系统的环境感知算法模块并不理解何为知识，何为被感知到的新类别的信息。其并不能解决停机问题，故而并不具备对新的情境和新的目标类型的觉知能力。这一能力的提升需以设计者对算法的升级改进来实现。

### 3. 围棋博弈本质上是确定性问题

阿尔法狗算法面临的问题实际是确定性的，其主要是要应对"计算复杂度"这一突出困难。当然，此类计算复杂度的困难对于人的"搜索、想象的认知限度"而言，比之计算机器更为突出。

可以认为：若阿尔法狗的程序不加修改，其虽然会下围棋，但却不能马上去被用于下五子棋。这是因为，其程序并不包含五子棋的规则。然而，经过借助增强学习类的算法的修正，给予人类或其他博弈程序的五子棋的博弈数据，其可以"获得"五子棋的规则，但这种规则对其而言是隐含的，而不能够用逻辑规则描述的。由于这种能力的限制，即无法将程序性隐性知识转变为逻辑表达类的显性知识，无论如何，还是无法如人类一样发明规则（即新的棋法），遑论去向其他系统解释自己提出的新的下棋法。

那么，上述的分析对我们冷静地认识现有的人工智能研究主张和方法有何积极的启示？

首先，我们可以清醒地看出：人工智能的技术进步只是决定了在多大程度上我们也能够分离出各类行为中原本就存在的"确定性成分"，在多大程度上我们需将机器的工作环境/场合改造为确定式的，以及在多大程度上我们能把从各类行为中取得的结论和知识转变为确定性的、形式化的表达，进而得以转化为相应的算法，无论这些算法是否冠以某某学习算法的称谓。

此外，这种普遍在公众心里升腾起的认为现有人工智能机器真的具有智能的乐观信念还掩盖了我们对"所谓智力活动"中那些"机械的、可形式化的非智能成分"的无知或无视。实际上，我们每日的活动诉诸于创造性的智力活动比例并不总是很多，许多行为就是再现对已解决问题对应的已有应对过程而已。这些再现行为是在线式的、反应式的非智力行为，而非离线式的、探索式的智能思考行为。

人工智能取得的成果实质上也为我们不断去揭开掩盖在人类日常行为之上的那层面纱，即我们的行为其中有多少是不需要智力或创造性活动去主导参与的。更有意思的是，一旦某一问题可以用确定的方式解决，就褪色为"非智力的"、可以形式化的问题。于是，机器就可以登场大显身手了。

# 6.12　结　　论

从上述确定性机器、概率机器的讨论中，我们能得出这样的结论：它们对概念系统是无法自洽地实现的，因为它们的初始概念受制于设计者又在运行中不会变更。进而，我们还可以得到对笛卡儿的心-身二元论的一种新的解释版本：进行运算的机器只是负责处理外在的形，即符号、数据、信号，而对其定义只可在"使用者"、"设计者"、"观察者"的心灵中。所谓的这些使用者、观察者、设计者，我们不妨先把范围缩小为人类加上一些诸君喜欢的其他动物，因为其他的我们现在还未普遍看到。这样一来，心灵与身体对于机器来说便是分离的，永远无法同居的。并且，作为确定性机器与概率机器恰好只具备了身体，并且这还是触摸不到心灵的身体。自然，这些物理系统就不会拥有心灵。它们也就不会体现出我们认为的心灵的能力，如我认为的可作为认知系统标志的概念形成能力。心与身（包括身体的一个部分——脑）的统一至少要由一个可以产生概念继而理解概念的主体来完成，虽然这种统一可能是个性化的，并且不能完全由主体来反省得出、解释得了的。

# 注　　释

1. 关于更被普遍接受的主张划分方法，读者可以参见文献（Clark et al., 1998），以熟悉早期人工智能的诸学派的基本主张与面临的主要问题。此外，对于本章中讨论的各类系统，读者可以参见其他具有代表性的综述文献，以求获得较新的认识。

2. Alien 等系统地提出了此类主张。

3. 产生式系统的描述可参见（Russel et al.，1995）的第 10 章。

4. Soar 的简要描述可参见（Russel et al.，1995）的第 10 章；对其结构的描述可参见文献（Rosenbloom et al.，1991）；对其不适合作为一个统一的认知理论的评述可参见文献（Cooper et al.，1995）。

5. 联结主义主张无须逻辑的智能实现路线。对于联结主义的基本主张的描述，读者可以参见文献（Clark et al.，1998）第 211 页。

6. 建构神经网络（constructive neural network）参见文献（Praekh et al.，2000）。

7. Popper 认为并不存在什么归纳机制的问题。Deutsch 强调了 Popper 的这种观点，并认为连考虑为何不存在归纳机制或原则都不必要，参见文献（多伊奇，2008）的第 7 章。

8. 对于 ANN 的综合性描述可参见文献（Haykin，1999）。

9. 支持向量机的思想参见文献（Vipnik，1999）的第 5 章。

10. 子空间方法亦可参见文献（Haykin，1999）。

11. 细胞神经网络（cellular neural network）芯片请参见文献（Chua et al.，2001）。

12. 自组织映射网络可参见文献（Oja，2002）。

13. 人工生命的研究主张可参见文献（Downing，2004）。

14. 理查森表达了这种认识：认知擅长将结构内化继而利用结构预测。参见文献（理查森，2018）的第 7 章。

15. SVM 方法及其应用参见文献（Cristianini et al.，2000）。

16. 非线性降维方法是流形学习的开创性工作，请见文献（Tenenbaum et al.，2000）。

17. 演化计算的一个代表性开创性工作总结请参见文献（Holland，1992）。

18. 生态计算方面讨论共生现象的建模算法可参见文献（Watson et al.，2003）。

19. 免疫算法的较早讨论请参见文献（Farmer et al.，1986）。

20. 混合智能系统的综述可参阅文献（Abraham et al.，2000）。三层模型结构参见文献（姜涛，2005）的第 10 章。其亦给出了讨论智能系统结构的相关参考文献。讨论进化计算、模糊逻辑和人工神经网络结合的混合智能系统的实现方法和应用例子可参见文献（Kasabov，2003）。

21. 模糊逻辑（FL）系统与人工神经网络的结合可参见文献（Kandel et al.，1992）的第 7 章。对于从人工神经网络知识抽取和修正背景知识这两个核心问题，可参见系统讨论 ANN 与逻辑系统的混合系统的著作（Garcez et al.，2002）。

22. 并发人工神经网络（recurrent ANN）可参见文献（Mandic et al.，2001）。

23. 框架问题的描述可以参阅文献（McCarthy et al.，1969）。对由之带来的导致机器人感知控制算法实践的窘境的系统讨论，参见文献（Pylyshyn，1987）。

24. Brooks 提出无须知识表示的行为主义作为人工智能的一种实现途径（Brooks，1991），开创了具身智能的机器人实践。更进一步的工作可以参见文献（Pfeifer et al.，2004）。对于从认知哲学的角度论述具身智能，可以进一步参考文献（皮耶福尔等，2009）去理解具身认知这种主张。

25. 深度学习方法的系统内容可以参见文献（古德费罗等，2017）。

26. 对这一事件的简要描述和对 AlphaGo 算法的简要分析可参见文献（陈敏等，2018）。

# 参 考 文 献

陈敏，黄凯. 2018. 认知计算与深度学习：基于物联网云平台的智能应用. 北京：机械工业出版社：291-299.

多伊奇 D. 2008. 真实世界的脉络. 黄雄，译. 桂林：广西师范大学出版社.

古德费罗 I，本吉奥 Y，库维尔 A. 2017. 深度学习. 赵申剑，等，译. 北京：人民邮电出版社.

姜涛. 2005. 局部视觉显著性之表达. 武汉：海军工程大学.

理查herst K. 2018. 基因、大脑与人类潜能：人类的科学与思想. 吴越，译. 北京：中信出版社.

皮耶福尔 R，邦加尔德 J. 2009. 身体的智能：智能科学的新视角. 俞文伟，等，译. 北京：科学出版社.

Abraham A，Nath B. 2000. Hybrid intelligent systems design：A review of a decade research. http://citeseer.csail.
mit.edu/523093.html[2005-03-02].

Brooks R. 1991. Intelligence without representation. Artificial Intelligence，47：139-159.

Chua L O，Roska T. 2001. Cellular Neural Networks：Foundation and Primer. Cambridge：Cambridge University Press.

Clark A，Toribio J. 1998. Cognitive Architectures in Artificial Inteligence：The Evolution of Research Programs（Artificial
Intelligence and Cognitive Science；2）. New York：Garland Publishing.

Cooper R，Shallice T. 1995. Soar and the case for unified theories of cognition. Cognition，55：115-149.

Cristianini N，Shawe-Taylor J. 2000. An Introduction to Support Vector Machines and other Kernel-Based Learning
Methods. Cambridge：Cambridge University Press.

Downing K L. 2004. Artificial life and natural intelligence. Lecture Notes in Computer Science，3102：81-92.

Farmer J D，Packard N H，Perelson A S. 1986. The immune system，adaptation，and machine learning. Physica，D（22）：
87-204.

Garcez A S，Broda K B，Gabbay D M. 2002. Neural-Symbolic Learning Systems：Foudations and Applications. London：
Springer.

Kandel A，Langholz G. 1992. Hybrid Architectures for Intelligent Systems. Boca Raton：CRC Press.

Kasabov N. 2003. Evolving Connectionist Systems：Methods and Applications in Bioinformatics，Brain Study and
Intelligent Machines. London：Springer.

Holland J H. 1992. Adaptation in Natural and Artificial Systems. Cambridge：The MIT Press.

Haykin S. 1999. Neural Networks：A Comprehensive Foudation. 2nd ed.Wilmington：Prentic-Hall.

McCarthy J，Hayes P J. 1969. Some philosophical problems from the standpoint of artificial intelligence. Machine
Intelligence，4：463-502.

Mandic D P，Chambers J A. 2001. Recurrent Neural Networks for Prediction：Learning Algorithms，Architectures，and

Stability. Hoboken：John Wiley & Sons.

Newell A，Simon H. 1972. Human Problem Solving. Englewood Cliffs：Prentice-Hall.

Oja E. 2002. Unsupervised learning in neural computation. Theoretical Computer Science，287：187-207.

Praekh P R，Yang J，Honavar V. 2000. Constructive neural network learning algorithms for pattern classification. IEEE Transaction on Neural Networks，11：436-451.

Pfeifer R，Iida F. 2004. Embodied artificial intelligence：Trends and challenges. Lecture Notes in Artificial Intelligence，3139：1-26.

Pylyshyn Z W. 1987. Dilemma of Robots：The Frame Problem in Artificial Intelligence. Norwood：Ablex Publishing.

Rosenbloom P S，Laird J E，Newell A，et al. 1991. A preliminary analysis of the Soar architecture as a basis for general intelligence. Artificial Intelligence，47：289-325.

Russel S J，Norvig P. 1995. Artificial Intelligence：A Modern Approach. Englewood Cliffs：Prentice-Hall.

Tenenbaum J B，de Silva V，Langford J C. 2000. A global geometric framework for nonlinear dimensionality reduction. Science，290：2319-2323.

Vipnik V N. 1999. The Nature of Statistical Learning Theory. 2nd ed. New York：Springer.

Watson R A，Pollack J B. 2003. A computational model of symbiotic composition in evolutionary transitions. Biosystems，69（2/3）：187-209.

# 第三部分：对现实的投身

# 第7章 理论计算机科学与数理逻辑

## 7.1 引　　言

由于对概念的诠释工作无法通过单独的表达过程来完成，那么我们自然将理论物理机器的工作目标限定为提供更好的、更直接的、更高效的手段来执行我们的表达结果。理论工作的目标便体现在下述方面[1]。

（1）建立体现更多物理行为的理论机器的描述并论证它们的能力。

（2）建立更堪用的、更接近人类自然的表达方式的、更具丰富手段的描述人类的表达的工具，用以形成对人类的自然表达中的可形式化部分的判定与保留。

（3）建立更好的"转换工具"用于建立更高效的理论机器的行为的描述——它们将被机器用来自动地将人类的表达更完整地转换为机器的行为。

而在实现这些目标之前，或者伴随这些目标的实现，我们需要考察一些更基本的问题。

## 7.2　计算机科学的基本问题

### 7.2.1　算法与证明的区别

此问题涉及运算与逻辑的关系。

1. 对这两者关系的目前认识

对二者的关系目前有如下的认识。

1）证明使用归结

本质上，证明是不可以由形式系统来描述的。这已由哥德尔不完备性定理表明。证明本质上是个创造性过程，它以隐含的方式将某些我们假定是自明的"知识"（即命题）引入原来的系统，从而获得了被证的命题以及系统中已经拥有的公理与得到的定理的逻辑相容性。证明的表达本身只是一个纯粹的语法过程，其目的只是"劝诱"阅读证明的人去相信要证明的事情[2]。这些被隐含的引入证明过程的命题被作出这一证明的人假定为对阅读者来说亦是自明的。

2）算法使用递归

算法设计的目的即是首先保证将我们对某一事物的描述转变为机器可以接收的语言，并不存在一个可以产生其他算法的算法。算法自身并不能判断自己的结果，包括其是否能结束。即使对于可保证停机的递归算法，也是人判断这类算法可以停机，而非存在可以决定一个算法是否具有递归形式的算法。

2. 关注点

对于此问题，我关注的是如何利用它们建立我们对事物的描述。虽然我们认为一个算法可以使用逻辑系统来描述，但是还存有这些涉及的问题。

（1）一个算法是否可以等价为一个逻辑证明？

（2）如果两者并不存在等价性，如何对一个描述进行分解，即如何知道哪些只能使用算法来表示，哪些却可以通过现存的证明方法来表示？

## 7.2.2　量子系统的可计算性

目前，我们对量子系统或量子计算机能够解决的问题范围缺乏原则上的证明。例如，我们可以确认量子系统的多态性适合对并行问题进行求解，量子系统的受观测导致的坍缩性质适合被用于通信中的密码应用以防窃听。然而，我们还未证明量子算法所可以解决的问题是否可以是非多项式计算复杂度问题（NP 问题）[3]。可以明确的是，量子系统并不能改善对结构分离的串行计算问题的求解，即那些并非具有同一起因，故而不能建立起多态联系的部分。

# 7.3　理论物理机器的可实现性

## 7.3.1　随机系统的可获得性

对于我们构造出来的特定概率分布、随机过程如何得到可用的数据是使用这类理论物理机器的关键。原则上，我们只能从可利用的自然现象、社会现象中进行观测来产生所需的随机性。另一种可能性是利用化学反应，如代谢过程。然而，从本质上看，这样的机器将不再是物理机器。

## 7.3.2　产生可变结构的可能性

我们已经做出结论，只有非决定性系统才可能产生其自身规则的变化。那么，如何寻求非决定性的系统才是解决此问题的核心。

## 7.4　对形式系统需进一步探讨的重要问题

### 7.4.1　寻求结构假说的自动规划方法

虽然我们认为机器不可以产生结构上的实质的变化，可是当赋予机器一个可以探索的结构空间时，我们可以认为机器面临的任务是根据现实中的后验信息去选择这些结构空间中最适合的结构。这就是如何选择假说、如何评定假说的优先顺序[4]、如何规划假说的验证过程的问题。这样，我们需进行探讨的是如何仅从假说的形式结构上、语法上、假说之间的语法关联上去规划假说的验证过程。

### 7.4.2　数学系统的可形式化判定方法

首先，我们需要面对数学系统的可形式化判定方法问题。在允许物理机器应用我们的数学描述之前，我们必须对其进行形式化的表示。这一问题还涉及更复杂的情形：我们如何判断哪些数学描述是可形式化的？哪些是可以表示为确定性的算法？哪些只可表示为随机算法？

### 7.4.3　数学系统的形式化工具

1. 模型论

我们需要对得到的对各种现象的数学描述，构造其形式化描述。这种形式化的描述可以从对所用的数学系统的现有结论的模型论表示着手进行，以期获得更大的适用性。另外，我们还要关注模型论所揭示的各个数学系统的更多的基础性限制。

2. 其他的可能工具

对于这方面的可能性，我目前并不知晓，也没有做过相应的调查研究。

## 7.5　结　　论

依据在第 4 章做出的对各种理论物理机器的分析，本章着重分析这些工具若用于描述一定程度上的认知能力及用于其实际行动实现时会面临哪些主要问题。这些问题的核心是如何确定何种工具可用于描述某一事物的智力行为？何种物理机器可用于实现此种描述？此外，我们指出尽管形式系统并不能产生结构的变化、规则的变化、符号的产生、假说的提出，其仍旧存在拓宽其应用的可能性及亟待解决的困难。

需要补充的是，我并不主张严肃地提出将夸克机器作为可以仔细考察的物理机器，因为如第 4 章所言其存在技术实现的巨大壁垒，如其存在的短暂时间和需要的高额能量。

# 注　释

1. 这一主张实际就是对计算机的形式语言与自动机理论的解说。目前似乎只能接受这种对待如何使用物理机器的看法。我依旧生活在编程、程序执行这样一个利用计算机解决问题的范式中。因为我把程序理解为一个物理计算机系统所受到的外部作用。想象不出不使用程序的物理系统能够产生何种自动行为。在这个意义上，我认为被动的机构，如被动步行机器人，也是受程序控制的。这个程序就是外力，这个程序允许的环境就是斜面。当然，我们可以认为这种研究体现了这种认识：机构能干的事情，就别让控制器去处理。推而广之，上层对下层不要越俎代庖；下层的能力提高会化解上层的决策危机。

2. 纯数学家哈代也表达了类似的对证明本身并不存在什么真正的确定性的看法（克莱因，2007）。

3. 这些结论由 Michael 等给出，见文献（Nielsen at al.，2000）的第 3 章。

4. Changizi 对假说排序的问题进行了有洞察力的研究，提出了其解决途径，见文献（Changizi，2003）的第 3 章。

## 参 考 文 献

克莱因 M. 2007. 数学：确定性的丧失. 李宏魁，译. 长沙：湖南科技出版社：323.

Changizi M A. 2003. The Brain from 25,000 Feet: High Level Explorations of Brain Complexity, Perception, Induction and Vagueness. Dordrecht: Kluwer Academic Publishers.

Nielsen M A, Chuang I L. 2000. Quantum Computation and Quantum Information. Cambridge: Cambridge University Press.

# 第 8 章　机器的认知能力

## 8.1　引　　言

　　首先，我们将表明理解概念能力的机器人的不存在性。其次，我们分析：对于致力于研究机器人（尤其是仿人机器人）其认知能力如何实现这一类研究活动，其目标是否合理？最后，我们给出目前认为是合理的研究目标，讨论实现此目标需要解决哪些重要问题，并给出一个相对合理的研究路线。

　　本章中的论述将关注于认知机器人的存在性、其研究重点问题的可能集，如下所述。

　　（1）可理论化的人的认知行为的集合。

　　（2）为了实现机器人-人的互动行为，如何揭示人类"社会认知行为"中的确定性因素？

## 8.2　不可强机器所难

### 8.2.1　机器不能理解概念的意义

　　我们已表明了理论物理机器不可能拥有对概念的理解能力，故而机器亦是不可能具有概念的。这样，我们便可以认为：凡所涉及概念理解活动的认知能力，对于机器来说，都是不可实现的。并且，我们还阐述过这样一种看法：凡我们所表达出的一切均不含对概念的诠释，包括意义、意图。在认知需要概念理解的预设下，我们的结论便是考虑机器的认知发展是不适当的，因为从根本上，物理机器不可能获得人类建立概念体现的能力，而认知的发展最为基本的便是在个体的活动中不断构建其对世界，包括自我的概念系统。

### 8.2.2　研究活动的回归

　　在具体的研究中，我们对赋予机器的认知能力的追求便需要建立在更清醒的认识上，如下所述。

（1）我们不能够去探讨机器的认知发展能力的实现方式；考虑机器的认知发展机制是一个没有意义的问题。

（2）我们设计出来的机器以我们可以描述的方式去复现我们已确定解决的问题。

（3）机器的设计目标是可靠性、确定性、局限性和非自主性。追求可靠性表明机器的设计首先要保证其对所解决的问题或实施任务的结果在满足其工作的条件下是必然的、效果上是可重复的；确定性意味着我们的目标是得到其行为是确定的机器，而非其行为是意想不到的机器；局限性的含义便是其用以解决的问题需要有限定的范围；我们要求机器具有自主性是没有意义的，也是无法实现的，因为机器不可能理解、产生关于其自我的概念。

故而，我们需从当前人工智能、智能机器人、认知（发展）机器人这些领域的研究目标[1]上进行回归。这些互相联系的领域的当前研究目标主要为设计可以思考、具有自主性、具有适应性能力的可以在使用中不断得以提高的机器。我们就是要从这些目标回归到至少具有理论上的实现可能性的程度：我们是去设计不能思考的、只具有自动性而非自主性的、具有确定性而非适应性的、能力是由设计注定的不可变更的机器。让我们把先前的目标看成一场纯粹的梦。自然，我们会对这场梦存留有丰富的记忆。其中的苦难、热情、惊心动魄的情境自当是我们需珍惜的智力财富。我们会依旧使用认知机器人、人工智能、智能机器人这些术语；然而，在我们将其诉诸于物理机器的设计活动时，包括其理论与实施，我们会明确所指的是什么，我们可以期望得到的只能是什么。

## 8.3　人的认知行为的确定性成分

倘若我们接受这样的认识：我们只能使用自己的智力成果去描述某种可体验的、可观察的、可想象[2]的事物的确定性，对于人的认知行为，我们所能做的且应该去做的就是去分析目前我们视为体现认知活动的行为其存有的确定性的成分。下面，我们先分析有哪些确定性的现象可以作为分析的对象；继而考虑如何考察、观测、分析人的认知行为中显现的与潜在的确定性。

### 8.3.1　具有确定性的现象

1. 个体表征

对个体的状态研究与辨识是社会活动、社会服务工作进行的基础。我们可以从人的生物属性上进行如下种类的外部观测项目。

1）生理状态

作为生物上的人，自会存在共同的生理基础，表现为呈聚集分布的种种指标，如生化指标、脉相、心电模式、脑的血氧模式、脑电模式、脑磁模式等。至少，我们可以持这种观点：生理状态与心理状态有关——虽然不能断定生理状态对心理状态的决定方式，但可以承认生理状态的变化会对某些心理状态产生影响。

2）情绪状态

同样，我们可以认为人类作为一个可以互相理解的物种，其理解的基础之一便是在人类早期发展中建立起的表情、语气这些情绪状态。在这个可以分享与沟通的渠道是自然存在的意义上，我们是有感情的、可以互相体贴的、有爱心的、富于同情心的、宽容的动物[3]。

## 2. 社会交际行为

我们可以分析下述人们的日常交际行为。由于在一个文化中或者一个文化共同体、风俗群体中，这些交际行为若要起作用必须表现出行为模式的确定性、清晰性，使交流的双方不易误解。下述交流手段被人类使用。我们简要分析给出其在交流中所起的作用或要求。

1）语音

语音需达到社会交际要求可被接受的标准程度，如我国的普通话和各个国家的标准发音等。

2）唇语

唇语可作为确定语言信号的辅助手段来使用，以补充对语音信号的分析。

3）眼神

人类的眼神除了表达或流露情绪状态以外，还可以用于指示物体的方位、传递行为信号如否定、祈求、肯定等会意行为。

4）手势

手势在交流中用以指示物体和数的表示、划拳、哑语、交通指示等。

5）体态

各种体态被广泛用于日常交流，如点头、摇头、握手、拥抱、嚎哭、接吻、斗殴、徒手队列动作等。

## 3. 社会分工中的服务角色

一些社会工作行为具有典型的人体运动、行为组织模式，如餐馆服务员的点菜询问记录、图书馆借书员的图书借还操作、博物馆导游的解说、固定菜肴的烹饪、会议与例行行政活动的组织、宣读某种文告或通知等。这些角色的行为表现出程式化的倾向，并且这些行为多受制于高实时性的要求，需要进行较快的决策，不会容许角色进行不必要的问询与思考。对这些行为的研究，其目的就是分离出程式化的过程，作为机器可以自动化执行的确定模式。这表明，我们此时使用机器、自动化系统或者仿人机器人就是来替代人类进行程式化的服务性质的工作。

### 8.3.2　如何考察、观测、分析人的认知行为中的确定性

#### 1. 考察原则

首先，我们需要确定这种确定性的存在范围，如考虑其是在人类学，还是人种学、文化、风俗、意识形态等上的存在。这样，我们便可以避免应用上的无效推广及层次上的范畴混淆。

其次，我们需对这种确定性保持一个统计意义上的确定性的认识，尽管某些测量的现象具有数值上的确定性，如染色体的数目。这就涉及样本空间的选择与设计。当然，我们可以利用生理学、心理学、行为学、组织学的实验结果。然而，在利用其对结果的解释时，我们还需要对其解释的正当性以及结论的可推广性保持警觉。

最为重要的是我们需要理解这一考察的目的是去设计更好的、更自然状态下的实验或观察场景去分析人类行为的某一个层次上存在的但多是表现为统计意义上的确定性。

#### 2. 观测

观测人类的行为最大的问题在于去除或抵消观察者的个人因素的影响。如何设计相应的观察实验、提供可靠的观测仪器、设计可重复性的实验组织方法，均是必须仔细对待的任务。而仪器的使用、实验环境的控制、观测数据的处理等都需诉诸于技术系统的应用。

#### 3. 分析方法

对于观测数据的分析，需首先得到现象的概念体系上的描述结构与统计分布。所谓概念体系上的描述结构是指形成对这一现象进行解说所用的描述方法；而统计分布则是对观测数据的规律做出的统计推断。在这些得以确知的前提下，剩余的重要的工作便是去形成对这些确定性现象的形式化描述。这便是交给人工智能去完成的工作。

## 8.4　作为描述工具的人工智能研究

首先我们将人工智能的研究目标确立为寻求对人类的认知行为中的确定性现

象建立描述，而不是去描述其非确定性的创造行为，如理解概念、提出新的范畴、识别新的物体等。

### 8.4.1　形式化描述

我们将基于逻辑系统的人工智能研究看作用以形成对人类认知行为的确定性描述的形式化的描述工具，为了达到此目标，我们需要重点考虑如下的基本问题。

#### 1. 逻辑一致性判断

由于人类的描述时常会具有逻辑上的不一致现象，那么需要探究是否存在合适的算法去判断表达中的逻辑一致性。

#### 2. 意义性判断

对于机器的算法而言，其必须有可以终止的条件。如果存在逻辑上的自指、范畴混淆、循环论证，算法将会难以停止。这样，我们需要考虑从逻辑上判断其是否有意义？是否可行？

#### 3. 适宜各种现象的概念体系对应的数学结构与数据结构

我们需要针对各种现象的数学描述与自然语言描述，建立或创立其合适的概念体系对应的数学结构，继而针对机器的语言设计合适的数据结构。

### 8.4.2　算法式描述

我们继而讨论对描述的另外一种方式：算法。这里，我们不去讨论形式化表示与算法表示的优劣等。基本的原则为机器学习、模式分析，尤其是统计学习，这些领域应该将研究具有学习能力的机器的目标只限定为对既有结构的参数辨识，而非去发现何种新的结构。对于新的结构的描述系统的提出，既依赖于这一研究主张相关的计算统计学的研究，又在很大程度上需要可以容纳结构扩充的新的数学分支，或起码首先在哲学上给出解决方案。

计算统计学的研究可以设想这些方面的进步。

（1）在数学基础表示方法的进步上重新建立计算统计学。例如，区别于集合论对集合中元素的限定（如某个元素属于或不属于某个集合，某个元素以确定的概率分析属于某个集合），这类数学基础用以反映结构可以变化的系统；区别于范畴论，其研究那些处于演化状态的结构间（而非固定的集合间）的承袭关系。

（2）应用新的代数结构、几何结构，扩展统计学的表示方法，以促进其对更复杂的概念系统的表示能力。

（3）应用、提出新的随机系统，即可以利用的概率意义上的新的类型的确定性，用以作为基础模型来建立对具有新的结构的确定性现象的更贴切的描述。

第一条是战略上的考虑；后两条则更倾向于去增加可利用的战术手段。

## 8.5　智能机器人

我们已经论述了具有意义的物理系统是不可获得的，那么，这样的系统自然就无法获得对自我存在的意识，也就无法进行对自我的改进的认识。是故，智能机器人的研究领域首先需要放弃这一研究目标：设计具有自主能力的机器；之后，我们通过对其具体任务的确定性的描述来得到对其行为方式的确定性的模型。当可以允许得到数值意义上的确定性时，不去使用随机算法与统计方法。

对于应用各种智能计算的解决之道，最为关键的问题是：断定这种计算所要求的物理机器是否可以获得。若不能获得，就没有任何理由在实践中应用这种方法。此外，衡量、选择一种智能计算方法的先决条件是：比之确定性的方法，这种智能计算方法是否可以解决其不可以解决的问题。

## 8.6　认知机器人

### 8.6.1　需放弃的研究目标——认知发展机制

我们已经论述了认知发展机制是不可以描述的。故而，不可能让某些元规则（meta-rule）来促使仅仅依据形式化规则进行工作的物理机器获得认知能力。所以，认知机器人的研究领域需要首先放弃寻求认知发展机制的目标。其合理的目标应该为设计体现某些人类认知行为（依据目前主流认知科学的观点）对已解决的问题的处理方式的复现过程。

### 8.6.2　人–机互动与人–机界面

当我们对人的交际行为中的互动方式中的确定性行为建立了描述之后，认知机器人领域便可以据此研究如何设计体现这些确定性行为的人-机界面。自然，这些研究与计算机应用技术、人-机系统研究领域的活动十分相关。利用这些人-机界面，或机器人-机器人界面，我们可以将人-机互动中的确定性的行为模式进一步赋予机器。于是，机器便具有了更丰富的沟通手段，尽管这些手段不会表现出任何创造能力，却会让其使用者得到愉悦与放松。

### 8.6.3　更自然的编程方式

当机器具备了更丰富的人-机沟通手段后，我们继而就可以利用机器与人的互动，甚至机器与机器的互动，对机器进行编程。模仿学习、示范学习等研究领域就可以专心强调设计机器人的"自然化的编程方式"[4]，而将研究具有学习能力的机器只限定为对既有结构的参数辨识，而非去发现何种新的结构。可以设想，具有了更丰富的人-机界面与提供更自然的编程界面的支持的机器人系统将能够提升其服务应用的通用程度。当然，如何对用户进行必要的、高效的且乐于接受的培训也是必须考虑的重要问题。这一培训的主要目的是让用户明确机器的互动行为方式以及机器的能力范围、适用环境。

### 8.6.4　仿生学的意义

仿人机器人的核心研究目标便是去创造具有类人的外形、似人的移动与操作技能、能够与人生活在为人设计的环境中的物理系统。那么，如何更多地利用仿生学的途径来设计其结构、运动控制模式、外形、传感器、执行器应该被作为设计该类机器人最先考虑的出发点，而非将所有的希望寄托在控制算法、认知结构等信息处理之上，因为身体决定智能的效果。

## 8.7　结　　论

我想强调如下的观点以使读者明白我所做出的上述结论、看法与期望的原因。

1. 理论的意义

在人类对某一问题的概念体系不能够建立之前，对世界进行描述，对所观察到的现象进行分析，这类科学活动则进行不下去。人类对其概念体系的表达，实际就是通过其拥有的各种自然的表达手段来进行的，如通过自然语言、数学语言、艺术、音乐、舞蹈这些形式。而哲学可以认为是纯粹利用自然语言的建立人类概念体系的活动。自然，哲学不能穷尽人类的表达，因为它只利用自然语言这种唯一的手段。我们可以认为如上的各种表达手段都是围绕着概念系统的构建来进行的。若没有概念系统上的增加与变革，自然科学的研究就会失去目标、进步就不可能。如对于认知的发展，若未首先从哲学上建立其概念体系，则进行其他相关的理论化的工作（如数学、理论神经科学）似乎将无从做起。

2. 技术研究不能有非分之想

技术永远只具有实践上的意义与确定性。当对一目标的理论尚未确立的时候，技术的实践并不能确保该目标能实现，甚至严格地说，此时技术实践的目标是并不存在的。技术所能做的就是在理论的框架下对实际的物理系统的创造，而非用于描述物理系统的理论，因为技术活动不等于手工者的创造行为。

我们想最后表明的是：我们只是认为纯粹的物理机器不能具有认知发展能力，故而我们没有理论依据来设计具有认知能力的物理机器，如认知机器人。然而，这种认识却不会导致悲观的行动，去取消我们设计体现人的能力的机器的技术追求。这种认识的作用实际就是端正了我们设计机器的目标——去复现人类对已可靠解决的问题的能力。当然，可靠解决意味着得到了可靠的解决方法，并非仅视为获得了可靠的解决结果。由于人对问题的解决可以至少在一段时空内存有开放的可能，那么，物理机器自然可以成为我们最忠实的工具。它没有认知发展的能力，故而它没有自主性、没有心灵、没有灵魂，它们也不会直接导致我们在伦理学上遇到困难，虽然间接而至的问题普遍存在，例如，新的机器总体上导致更多人类失业还是创造更多的新的就业机会？机器的应用导致自然环境发生变化，其究竟会适于人类的发展还是会使人类的命运危机四伏。

# 注　释

1. 机器学习领域的研究目标与人工智能的目标不同。前者是从大量经验中进行谨慎的推广与归纳，如统计学习、知识发现；后者是去考虑机器的思考能力。因为我们知道从认识论的角度，世界上不存在可靠的依靠推广或归纳做出的知识。通过归纳得出的结论未必能适用于经验所未曾经历的所有情形。由于机器不能产生概念，那么它就不可能产生理论用于阐述经验、假定经验的使用范围、做出预测并接受实践，尤其是对失效情形做出批判。另外，它也不能做出发现新的概念支撑的规律这种意义上的归纳行为。

2. 可体验意味着某一主体具有某一种可以表达出来的生理或心理感受。而所谓感受对此主体来说必定是已意识到的。这种感受通常是对自我而言的。可观察是指主体对外界事物的存在能够借助自己的感觉器官、其他的观测仪器得到一种感觉结果。可观察的对象直接指向外在，但也会借助对观察的结果的解释指向自我，如自己的身体的体检结果。可想象是指主体不借助于体验与感觉，得到一种可以表达出来的心理上存在的事物。它既会针对外在，亦会针对自我。

3. 所谓人是宽容的动物这种说法受惠于罗蒂（Rorty）。其在一次采访中指出："人是有创造力的宽容的动物"（布劳耶尔，2004）。

4. 例如，借助使用者的口令、手势、眼神及示范动作进行。

## 参 考 文 献

布劳耶尔 I. 2004. 英美哲学家圆桌. 李国山，译. 北京：华夏出版社：129.

# 第9章 机器视觉与人工智能

## 9.1 引　言

概括前面两部分的讨论，我们可以得知：确定性机器不能产生认知能力，不能建立真正意义上的理解。那么，对以计算机为核心实现手段的机器视觉研究，我们需选择何种方法学呢？我们只能去指望基于物理机器的机器视觉去复现人类已完成的对某些视觉问题的形式化的结果的求解。由于我们对问题的表述总会在实际应用中碰到例外的、更复杂的或偶然的种种情形，我们自然不能指望机器对这些未尽情况进行应对。原则上，机器并不知何为"未知"。理性的做法只能是改善我们对问题的理解、修订我们对问题解决方法的描述。是故，我们出于这种立场，在本章首先对环境的认知与分析任务、已知物体的识别给出实现实例的基本步骤。其次，我们对这种处理方法隐含的认识进行简要讨论。最后，我们回到对人工智能的合理研究策略的讨论之中，并回应目前的一些研究热点。

## 9.2　环境认知与分析的必要步骤与方法学

### 9.2.1　原则

#### 1. 基本过程

认知过程的一个重要特点是"自顶向下"，即先整体再部分。与之对应，感觉和感知过程却常常会"自底向上"，即通过对数据的分析与处理，继而得到更宏观的描述量去确定出某种特征。

对于机器视觉的应用而言，首先要进行传感器信息的"分割"或"归类"。例如，对于一幅图片的理解而言，借鉴认知过程的处理原则，我们可以让机器视觉系统或图像处理软件的算法设计采纳下面的步骤。

1）表象/表观分析

"表象"或"表观"（appearance）指的是传感器数据或经过滤波处理、空间匹配等低级视觉算法处理后观测到的环境数据。对于表象的分析，我们可以优先考虑利用观测数据中的颜色、明暗/灰度等信息。

2）区域分析

进行区域分析的目的是进行粗略的"归类"。我们可以依靠这些指标断定同一区域，如均匀性、纹理相似性。区域分析的过程经常需要迭代进行，故而会利用区域生长、区域合并等基本算法。这其中，迭代过程的终止条件的设置最为困难。

3）轮廓分析

这个过程的目的是产生"分割"，即将图像划分为不同物体/事物所占据的区域。对每个部分的轮廓的分析只能是一种估计与近似，轮廓的封闭性不见得可以得到保证。

4）高级特征的分析

接下来，我们就可以进行更宏观的特征的分析。这些特征包括物体的拓扑性质和其他统计量等。区域的封闭性由此可以得到保证。

要完成这一封闭性，高级特征的分析算法必须依赖事先建立的待分析的场景与物体的模型。这表明：算法设计者必须完备表达待分析的场景和物体的各类特征，从高级的抽象的拓扑结构遍及低级的具体的纹理结构。

2. 模型表示

那么，对于物体识别和场景理解这些认知任务而言，如何事先建立更堪依赖的模型呢？针对图像的具体生成场合和进行图像理解的不同的要求，我们可以有侧重地利用这三个相继过程来建立模型：①先使用计算机辅助设计工具得到其几何模型；②考虑材质、纹理、颜色等，继而得到其在有限的典型视角的表象模型；③最后利用多个观察视角得到的表象模型建立任意视角的模型或建立物体描述模型的产生方法。

需要说明的是，模型的要素包括颜色、纹理、几何形状、拓扑结构、部分-整体组成结构和表面形状（可能只需关键点的相对深度来产生对此的合适描述）。对一个场景而言，描述模型相当于一个拓扑关系图。其用于将物体、场景的各部分连接起来。

上述方法原则上只适合于物体和部分自然环境表面。对于云雾等动态现象和柔性物体等，只能借助随机过程来进行近似模拟。

## 9.2.2　重要问题

那么，借鉴人或动物的认知过程和感知过程来处理机器视觉问题会涉及哪些困难的问题呢？

1. 颜色的恒常性、光的适应性

原则上，这个问题只可在相对程度上求解。此外，颜色的恒常与否、光亮的适应程度需符合人的物理-心理学视觉实验结果。所以，借鉴相关实验结果作为算法中的相关迭代终止条件或计算与比较的依据较为重要。

2. 纹理的表示方法

从计算效率的角度考虑，对于物体或自然环境的表面纹理，其表示方法需重点寻求适宜的分形系统、随机系统这些数学方法来做支撑，以适应各类纹理模式。

3. 区域的分割依据的判据

即使是人，对于物体的归类，在许多情形下，仍然难以进行决断。主要有两类困难情形。一种是前景和背景来回切换，物体的识别结果来回交错。这反映了感知系统在完成所谓的"特征捆绑"（property binding）时，注意会被两种或多种物体识别/区分结果交替吸引。这些结果的可能性相差不大，故而，造成或者无法决断或者模棱两可的情形。符合人的感知、认知特点的图像分割算法需要体现出这种特点来。另一种是区域分割的迭代过程需依赖的终止条件的建立方法及其合理性如何保证。从算法研究上而言，区域生长与合并的迭代算法需借鉴人类的视觉认知原则。

4. 表面的重构

首先，算法需重点解决如何从细微的颜色或灰度的变化中恢复出表面的深度来。其次，由于物体间的遮挡、观测器自身的运动和抖动，对物体或环境表面进行重构时，需要应对如何补齐缺失的信息，需要实现图像间的匹配，需要去除传感器自身的运动或抖动因素。这些都使得三维重构问题变为一个近似估计问题，而非一个确定模型求解过程。

## 9.2.3　例子 1：人脸识别

下面，我们针对人脸识别算法，给出一个处理步骤。分成三个大过程，这需要一个指导原则——"先粗后精"。

1. 低分辨率下的处理

首先将图像分辨率降低。原则上，可以分为若干等级的分辨率，形成一个"分辨率金字塔"。处理时，由低分辨率图像向更高一级的图像逐次进行。为简化讨论，我们分成两个分辨率层次：低与高。

对于低分辨率下的处理，依次进行如下的处理子步骤。

1）光适应与颜色恒常性处理

引入这一过程的目的是增大背景与前景之间的可分离性，同时减少脸部细节因素对后续处理的影响。

2）肤色、头发颜色检测

这个过程是为了更好地将人脸与其背景进行区分。肤色、头发区域的检测需依据人种学特征。

3）头部区域、脸部区域检测

该过程需要依靠头部、脸部的形状模型。同时，还受环境中的相似物的影响。好多情形下，会检测出许多假的区域。

4）外形合并以得到头部与脸部

这一过程需要考虑不同头部姿态和面部表情的影响。另外，遮挡、阴影都可能造成外形的合并算法难以收敛。

5）利用表面的深度信息

有两种途径可以得到深度信息。一种是从图像的局部有均匀亮度的阴影出发去进行深度信息恢复；另一种是利用双目图像的匹配结果去求解视差然后估计出深度信息。利用深度信息可以有助于去除脖子区域等，从而使后续处理的感兴趣区更聚焦到头部和脸部。使用头发颜色或头部的姿态信息，再借助头部与脸部的拓扑信息可以进一步将脸部区域局限为前景。

**2. 高分辨率下的分析**

首先调高图像源的分辨率。在"精处理"过程中，依次进行这些子步骤。

1）确定五官检测合理区域

可以使用表面的深度信息检测"骨点位置"（如颧骨、额头），之后利用这些位置信息，确定五官的潜在区域。

2）估计五官特征

对五官区域进行形状分析、位置参数估计。继而，进行其他几何特征的估计。

3）形成描述模型

在这一步，算法主要以"标准脸"的拓扑结构来建立"特定脸模型"。该模型包含拓扑信息、各五官的几何测量信息以及其他脸部的"全局特征"。

**3. 与库存模型进行相似度断定**

最后这个大步骤是一个相似度估计过程。算法的设计效率在许多应用场合特别重要。

## 9.2.4　例子 2：合成孔径雷达图像场景中的船舶检测与识别

上述的例子是自然物体，成像的方式是可见光。下面，我们再简要讨论一下人造物体的检测与识别，成像的方式也是人创造的，借助雷达信号的处理结果来得到合成孔径雷达图像。

1. 步骤

同样，我们还是借鉴人的视觉感知和认知特点，采纳一个"先粗后精"的策略。各个步骤如下：

（1）将图像源变为低分辨率；

（2）点模型的统计分类；

（3）区域合并；

（4）边界划分；

（5）将图像源变为高分辨率；

（6）检测散射点，将一定尺度范围内的散射点组团形成其拓扑图；

（7）对这一拓扑图估计其几何统计量；

（8）产生其对应的描述模型；

（9）匹配已有的船只类目标描述模型，判断是否是船舶；

（10）将图像源变为更高分辨率；

（11）检测尾迹；

（12）对尾迹的参数进行估计；

（13）匹配已有的尾迹模型；

（14）断定船舶的类型。

2. 可能的难点

针对舰船物体的检测识别，上述处理思路在算法设计时，主要的困难有如下几点。我们只进行简单罗列，感兴趣的读者可以自行探讨。

（1）分辨率变化后区域、边界的匹配。

（2）尾迹识别的方法。

（3）多散射点模型的几何统计量模型的可适应性。

（4）多分辨率表示对合成孔径雷达成像机理的适用性。

3. 目标模型产生方法

欲以产生识别依赖的各类"舰船模型"，可以采纳下述步骤。

1）建立三维几何模型

几何模型主要借助设计模型或外部图像测量结果来建立。

2）建立散射模型

考虑表面材料成分的电磁波散射以及该舰船的能量辐射三维模型，利用对应的合成孔径雷达的成像算法得到其散射模型。当然，必须知道带分析的合成孔径雷达图像其成像雷达的基本探测参数和成像过程的核心参数。

3）得到虚拟的合成孔径雷达图像

利用获取的环境参数（气象、电离层）、传感器参数（高度、倾角），对散射模型进行加工，对需检测的各类舰船目标，得到其虚拟的合成孔径雷达图像。

4）建立样本的描述模型

利用此成像，经由前面相同的处理步骤（6）～（8），得到样本的描述模型。

**4. 舰船的检测和识别**

有了样本的描述模型，自然就可以对实际场景的合成孔径图像进行相关舰船的检测和识别。对这些过程读者若有兴趣可以继续思考：①其可以借鉴人脸识别的哪些过程；②可以借鉴人的视觉感知和认知的哪些处理原则？

# 9.3　上述研究策略的方法论

这种方法是一种处理问题的"正常"的、具备经济性的途径。它只追求对人类可解决的问题的复现，而非超越。在处理上，它主要是基于模型的，而非着重基于学习的、试探的或者是寄希望于处理算法的自主发现能力。从策略上，它先处理全局的性质，而后分析局部的模式。在分析过程中，它先处理表象，逐渐深入更高的层次，最后依次构造出拓扑模型、符号化的描述模型。

**1. 基本认识**

这种强调模型并借鉴人类视觉感知与认知策略和原则的方法会给我们提供下面的一些认识，使得我们对图像处理算法、机器视觉方法的研究建立起更冷静的态度和更合理的期望。

（1）边缘是最后自动形成的，而非可以一开始进行检测的。

（2）局部与全局之间的关系要充分利用。

（3）分辨率是可以利用的手段，用以一开始简化问题而后深化模型。

（4）表面或离散点构成的表面的性质值得重视。

（5）对研究使用的场景、物体，事先需得到其复杂度能详细到合理程度（可接受、可使用以达到满意效果）的模型。

（6）模型的建立按照这样的过程。

这一过程的可选的较全面的做法是依次建立物体的几何模型、考虑材质的表象模型、环境因素下的表象模型、拓扑结构模型和符号模型。有意思的是，在构造分析模式和原型、进行样本的匹配或进行相似度分析这类处理任务时，我们只需针对符号模型来进行。

（7）处理遵循这样的逻辑过程。

这一逻辑就是"由粗至精"。具体地，只使用该解决步骤代表的程度所需的尺度；先确定感兴趣区、再对区域进行分割；而后自然形成边缘；最后实现物体与背景的分离。

（8）本质上是以从易到难的不变量的求取来作为解决检测与识别问题的脉络。

2. 主要理论问题

这种方法会面临如下的困难。这些困难首先来自于理论方法和数学描述工具的挑战。

（1）尺度的调整准则。

在何种分辨率程度上目标与背景可分离性的要求能够达到？

（2）符号模型的构造。

如何选择合适的工具将不同复杂程度的对目标、场景的参数化的拓扑关系模型表示为符号模型？

# 9.4　机器难以识别出新的目标

在上述两个例子中，无论自然物体还是人造物体，我们都没有静下来仔细分析机器能否识别新的目标。

## 9.4.1　被忽略的问题

在人工智能和机器视觉研究热情的鼓舞下，我们经常会忽略此问题，虽然在算法研究受阻或应用效果不佳的情境下，我们或许曾经问过自己：机器是否能够知道"未知情形"的存在呢？这里，所谓"新"和"未知情形"都是相对于机器开始被应用于某一任务而言的。自然，一种直接的观点是：倘若给机器以学习的能力并由此赋予"自主性"，那么，基于其任务解决过程中得到的数据，抑或再加上学习过程中通过"互动"从使用者和外界得到的指导信息，机器在原则上是可以不断去应对新的情境的，其可以识别出新的目标类型。

## 9.4.2　识别新目标的问题实质

那么，这一问题的实质是什么？我们分两种情形进行讨论。我们把对机器的讨论限定在物理机器的范围内。

### 1. 通过自主学习获得新认识

我们规定：对于学习算法，外界不会主动向机器指示新的目标、描述新的物体类型；在机器运行时，其依据事先内置的某些准则来判别"新的情境"。那么，所谓识别新的目标这个问题便是"判别出原来无法识别的目标类型"。

这便意味着，机器的算法或行为结果原来并不会对某一新的目标类型做出结论或做出确定性的反应。从概念体系的角度来说，对于该机器原来所赋予的问题求解空间而言，新的目标类型是不存在的，从机器行为的角度而言是无意义的。

故而，该问题的本质是物理机器是否能在运行中自主改变其事先预设"可适用的概念空间"？是否能产生新的概念？因为，所谓新的目标类型，甚至是新的目标，实质上意味着新的概念。

也许有的读者会这样反驳：新的目标也可能会意味着某些目标参数发生变动，对此机器自然可以识别和分析出来。对于这种情形，机器在应用之初就是可以胜任的，其在自主学习的过程中所做的只是去估计已预设的某一目标类型的相关参数而已。目标的类型和相应参数的种类都是预设好的。其中，从概念的角度来看，机器并没有发生什么能力上的变化，也没有识别出什么真正所谓新的目标来。其完成是对目标的测量和目标参数或特征的估计与分析而已。

### 2. 通过互动借助外界来获得新认识

为了简化讨论，我们将外界限定为生物或人。当我们把多个物理机器看成一个更复杂的机器时，所谓纯粹物理机器之间的互动就可以还原为对一个更大的、更复杂的机器的功能和行为进行分析和设计。

在与人的互动中，人可以借助人-机界面对机器指示新的情境和提示新的物体类型。这意味着，机器可以拓宽其对人的表达信息的感知和理解。新的情境和新的物体类型，甚至人所使用的"符号"或传达信息对机器而言是预先没有设置的。倘若机器能够识别出新的物体来，这就意味着机器可以理解这些事先没有预置的提示信息。同样，通过互动借助外界获取新认识意味着机器可以拓展其预设的"可应对的概念空间"。

### 9.4.3　物理机器无法识别新目标

无论自主学习还是借助与外界互动，基于我们关于物理机器的前述讨论，现在，我们会容易得到并支持下面的结论：对一种新的感觉信号模式，机器是不会"察觉"到其存在的，即使它可以判断出自己的行为的失败，如可以用其在固定时间内某一程序未能进行完毕或某些观测量未得到这些现象来进行判断。本质上，机器只能对程序"已知"的或确定好的预设结构进行参数辨识。所以，物理机器无法识别新类型的目标，虽然可以不断去获知目标的参数并分析其特征。至少在概念空间的意义上，不会拓宽适用范围。但是，在统计意义上，可以不断改进对问题的解决能力，如精度和速度。然而，依然拓宽不了可以适用的概率意义上的确定性范围，因为其无法辨识出真正的新的"概率分布类型"——无法产生关于新的概率分布类型的概念！

## 9.5　转向人工去智能的研究策略

对于物理机器而言，其无法识别新物体，无法产生新的概念，不具有认知能力上的创造性。一旦我们接受了这样的观点，那么，对利用物理机器构造的人工智能系统，无论我们如何强调所谓的自主学习算法，本质上，无法获得创造性。于是，对这类人工智能的实现系统，我们应该如何去谨慎对待？我们应该如何分析或展望其能力的局限性？更一般地，我们应该如何规划相应的人工智能研究策略？

### 9.5.1　谨慎的目标——人工去智能

在第 8 章对机器人认知能力的讨论和本章对机器视觉的研究主张中，我们都采取了一种"诚恳的态度"——追求表达人类相应行为中的确定性成分并将之转换为机器的所谓"智能算法"。这便预示着我们从对人工智能的研究目标转向至从智能行为中分离非智能过程的谨慎目标。我们不妨暂且称为"人工去智能"研究。在概念产生等认知发展的核心问题得以解决之前，研究机器智能毋宁说是去研究如何更好分离出人类智能行为中的非智能成分。故而，这种新的研究策略可以冠之以人工非智能（artificial non-intelligence，ANI）或者人工智能诱骗（artificial intelligence deluding，AID）的名称[1]。前者强调研究行为中的非智能成分，后者则指出机器实际上给出的是去除掉智力成分的模拟性质的行为，但该类行为的外在表现却能诱使他人产生印象，感到该机器似乎真的具备智能——似乎机器通过了图灵测试，但实际上是人们被欺骗了[2]。这两种称谓比之"人工去智能"，均有些语焉不详，且易于导致理解的歧义。

## 9.5.2　重要的研究问题

出于上述更为"眼光短浅"的目标，对于人工去智能的研究，重要的问题有哪些？

我们简单罗列如下：

（1）如何抽取确定性；

（2）如何描述确定性并至何种程度的确定性；

（3）如何保守地应对不确定性；

（4）如何将概率意义上的确定性不断提高；

（5）如何更可靠、更安全地利用概率意义上的确定性。

## 9.5.3　最需青睐的潜在研究问题

在这些问题的范畴中，对于认知发展而言，下面的问题则更为关键。

如何建立概念意义上的确定性并利用之？

若个体对某一现象的表述结果可以在不同的概念体系中存在，那么，仅相对于某一概念体系该现象方具有唯一性，这称为对某现象具有概念意义上的确定性。如此一来，同一现象可以在不同概念体系中被表达为不同的结果。于是，如何在不同概念体系中进行转换，进而获得对同一现象的多个层次的描述的整体理解便是要利用概念意义上的确定性，这应当成为富有意义的研究问题。

回顾我们前面所得出的结论——认知过程乃是创造概念体系的活动，我们可以说：解决问题的一种重要的创造性途径就是在不同概念体系中灵活地、富有目的性地转换，从而得以把握概念意义上的确定性并加以利用。

## 9.5.4　反人工智能的研究要点

当前，以对抗神经网络为代表的对抗学习[3]的应用使得人工智能的研究者得以进行"反人工智能系统"的研究。然而，在这类研究中，基于我们前面对智力中的确定性成分的分析和各类计算机器的局限性的领悟，最为紧要的问题却并非是去发展更好的对抗算法，而是去分析出所要对抗的某类人工智能算法的局限性。之后，我们便可以设计相应的"反人工智能算法"。例如，针对某类算法无法判定的数据情形，在对抗中，我们的"反制算法"通过控制机器的某种行为结果可以先诱导对方的传感器只能捕捉到这些令其迷惑的数据，使其"思维停滞"。

## 9.6　结　　论

从机器视觉到机器行为，上述方法其用意都是尽量去避免实现算法中出现不确定性的感知结果并防止算法进入不可判断的状态，其代价便是由设计者建立对所解决问题的准确描述和对解决方法的准确理解。我们将智力活动完全交给了设计者，而将对设计者的智力作品，即问题解决的可行方法的复现交给了机器。所谓机器在应用中的学习，依然是对可行方法的复现。

此外，无论为了进行人工智能的对抗，即反人工智能的研究，还是仅仅为了实在地推动人工智能理论的进步，我们都需要关注各类人工智能解决方法，特别是其算法（包括算法的结构和计算过程）的局限性。这是因为：一个理论若要称为"科学的"，其应该是易于或至少能够被证伪的；一定有其适用的局限性，有其不能之处[4]。故而，考察各类人工智能算法的适用条件，给出其难以奈何的数据集，应该成为人工智能理论研究必须面对的严肃的科学问题。

我们从现有的人工智能研究目的[5]转向人工去智能的研究策略并不是为了反对人工智能的研究初衷，而是为了展望更壮观的且更可能拥有的前景。这种可能就是那些开拓至认知尚未触及的领域，冲破现有理论工具和认识论藩篱从而建立新的人工智能理论的心智探险活动。目标不断被重塑、扩展，在反省中探索，本身就是人类在进行着创造。

## 注　　释

1. 我们没有使用 Artificial Unintelligence 的称谓，因为其意味着"人工愚蠢"，会令人产生不好的联想。作为一本一般的读物，Meredith Broussard 的著作向非计算机科学或其非相近专业领域的读者揭示了计算机实际上并不具有智能（Broussard，2018）。

2. 单纯的行为学测试，无论图灵测试或者我们在之前所提出的"概念解释游戏"都无法以确定的方式来判定机器是否具有如人类一样的智力。这是因为，即使你可竭力穷举所有人在该机器面前都败于这种测试（例如，我们可以人类世界冠军的败绩来推定），你难以保证在后面不会突然醒悟——"原来我被欺骗了！"

3. 对于对抗神经网络的相关内容，读者可以参阅文献（陈敏等，2018）的第 8 章。

4. 目前，仍然认为：人工智能的理论若要称为坚实的科学理论，其一定满足可证伪性这一来自科学哲学的重要观点。读者可以参考文献（Popper，2002）来深入理解这一对科学理论的存在性做出必要性判据的证伪主义观点。

5. 此即强人工智能（strong AI）的主张——认为机器定可以实现如人类一般的智力行为，直至以人类的方式进行思考。

## 参 考 文 献

陈敏，黄凯. 2018. 认知计算与深度学习：基于物联网云平台的智能应用. 北京：机械工业出版社.

Broussard M. 2018. Artificial Intelligence：How Computers Misunderstand the World. Cambridge：The MIT Press.

Popper K R. 2002. Conjectures and Refutations. Oxon：Routledge.

# 第 10 章　认知科学

## 10.1　引　　言

一旦我们认定纯粹的物理机器不能获得认知能力，那么，对认知的分析就可以集中于对生物的研究，包括行为学、心理学、生理学这些不同层次。于是，区分每个层次可以解决的问题范围将显得十分重要。在本章，我们对利用神经科学可能做出的对认知问题的解决程度持这样的态度：神经科学本身从神经系统相关分子的生化层次、神经细胞的调控与发育层次、神经系统的工作模式三个层次去考察它们对认知能力与认知行为的影响。我们试图去做的乃是参考系统生物学的研究主张去建立一种系统神经科学的研究模式。并且，我们还持这样的看法：神经科学的最终服务目标是生物的健康改善，尤其是为人服务的医学事业；神经科学的成果并不能解释人类的心理现象。它只是考察我们的心理学理论的手段，而非可以由自身提出关于心理学的理论。自然，关于我们的心灵及其认知能力，它所能做的便是去提供可供反驳、验证得更低的层次上的事实；而对于人类心灵的解释只能由心理学上的理论来不断求索。

此外，由于认知的确定性理论是无法建立的，对心理学及其分支的认知科学、神经认知科学、神经生物学诸层次的研究而言，目前最能够期待得以实现的研究目标便是去探究对人类心理状态、认知能力进行有效干预的可控、低风险性的手段并分析其效果。这些手段包括行为（如场景转换、职业与日常生活身份变更）、心理（如谈话、催眠、暗示）、脑行为（如脑电、脑磁）、脑代谢（如运动、药物、针灸）、神经外科（如各种切除手术、移植手术、发育细胞植入）以及可能的基因干预手段。这基于我们对世界的这一认识论上的看法：对于世界而言，我们对其某些部分是已知的，无论在何种程度；某些是可知的，无论何时可以通达；某些却是不可知的，因为我们对它的知会影响它的存在；某些是可以去施加干预的，甚至我们对其不可知，然而我们的存在或干预手段与其共同存在，不可分离；某些却是不应干预的，虽然我们具备了或可以具备干预的手段。这表明我们对世界的认识同时存有三种程度上的知识：可知、可干预、应该干预。对应地，便有可知与否、可否有干预手段、是否应该去干预三种需考察的行为范畴。

## 10.2　神经认知科学的研究目标

基于上述的关于神经科学的研究目标的重新定位，我们对使用神经科学手段解释认知行为的神经认知科学的重要问题进行分析。原则上，我认为神经认知科学的目标不应该被设为去提出心理学上的认知理论；亦不应该遵循认知即是计算的主张，进而假定神经活动即是计算。因为，计算就是指理论意义上的物理系统的工作模式，其对高于物理层次的事物的描述并不能等价为该行为的实际模样。

1. 认为认知即是计算过程的计算认知学是空中楼阁

我们已在第一部分表明了认知不可以使用理论物理机器描述的观点。这也随即表明：认知不是一个算法过程，因为无从谈起一个产生自己变化的算法，即产生算法的算法；认知行为亦不是一个确定性的数学描述，因为同样无从谈起一个产生新的变化的不变性质，即导致不确定性的确定性、决定非决定性的决定性。

我们只能如 von Neumann 说过的：我们只能说脑可以做数学运算，可以做数字计算机所做的工作，却不能说脑就如计算机那般工作。他的论据是"中央神经系统中的逻辑学和数学，当我们把它作为语言来看时，它一定在结构上和我们日常有着本质上的不同"，又及"无论这个系统（指神经系统）如何，把我们自觉地、明确地认为是数学的东西，和这个系统适当地区分开来，这是不会错的"[1]。另外也可以理解为，我们思考出的结果（如某一数学理论、某个语言论述）并不代表做出这种结构的过程。

除了将使用脑的思考行为视为类似计算机的工作过程外，支持认知即是计算的另外一个原因是神经细胞是信号处理机器。对于这种观点，仅需指出如下事实便可知道它的轻率。

（1）神经的电传导行为并不是其活动的全部。

其对化学递质的接收与排出、分泌不同类型的递质是更为基本的活动，无论从进化的证据上还是生理的活动上看。神经细胞的工作基础是化学物质，称为化学信号。而化学过程，如我们前述所言，亦不可由物理过程来替代。

（2）作为整体的脑，脑电并不是其活动的全部表征。

（3）神经系统的工作并非是建立在能量基础之上的。

其涉及对化学信号的处理，更重要的是涉及新的化学物质，即代谢物如酶、蛋白质等的创造。

（4）对脑的电行为的干预并不能直接干预其化学过程。

故而，不能直接干预其用于"思维"的代谢物，当然这种方式可以通过改变代谢物的物理电磁环境从而影响其参与的代谢反应水平或过程。

### 2. 感觉是否可以模拟，即用物理方式替代

此问题的关键在于：神经细胞与外界的反应方式若是基于"生化"的，那么，这些生化现象是否可以由物理过程来代替呢？这个问题等价为生化机器等同于物理机器吗？

从世界的层次性出发，欲以回答这个问题，我们需要追问：化学性质能否由物理过程给出？此即化学的还原性问题。我们仅举一例，就可以说明化学现象不能用物理过程替代——如化学反应的双向机制，即在同样的条件下一个反应与其逆反应始终共存，虽然速度不一。此外，同位素在物理上，即中子数不同，却为何表现出相同的化学性质？我们甚至还可以追问：如果生化层次的事物可以由物理现象代替，那么，自然界为何会产生这个层次，并使得这个层次上的事物规模大为丰富、结构更加精致繁复？

对于这种认知能力或思维能力是否可以模拟的问题，最常见的赞同意见的论据是鸟能飞，飞机能飞；人能认知，机器有何不可？对之反驳如下：飞机的飞是模拟鸟的物理行为，此为其一。某型飞机的飞是在一个气象条件下的允许行为，而鸟的飞却是在不确定的条件下的行为。两者对外界的应对上实质相差甚远。故而，某鸟能飞，亦能更好地飞；而某飞机只能做如故地飞。

### 3. 离体的神经与脑为何要工作

我们将讨论的前提限制为需考察的离体的神经及脑所需的能量是通过一个循环系统供给的。这样，它们与外界将没有能量依赖关系。

如果神经细胞的部分能量需要由信号来获取，如视网膜神经细胞需要感光细胞提供的能量与分子，那么假设离体的视网膜细胞可以获得所需的能量与分子，其能继续区分光信号吗？对于脑这个最复杂的神经系统，倘若其所需的能量与代谢物被直接提供后，它的能力是否还会被视为对神经系统的感受信息做出反应呢？脑的功能是否会发生退化呢？

上述问题的核心是神经系统对身体的其他部分有何要求，即它为何需要"理睬"躯体呢？思维活动的生理目的是什么？对思考状态下的神经细胞而言，它所"乐于从事"某种活动的动力是什么？

### 4. 生物神经控制机器人

在上述问题得到解决的前提下，即当神经可以离体生存之后，利用离体的神

经或简单的神经系统可以看作对认知能力的生理活动基础进行探究的较好途径。我们可以观察代谢物、转导分子、细胞调控信号、细胞发育与分化、基本网络结构对系统能力的影响。这样，对于人的认知能力的分析可以先在较简单的系统上进行实验探究。例如，我们可以考查：何种神经网络结构，包括多少类的神经细胞与代谢物，可以导致神经系统出现某种基本行为，如同步振荡、选择性注意、记忆。我们可以借用芯片的概念来设计神经芯片，得到不同的神经系统、利用基因与代谢手段控制神经细胞的状态，以验证这样的重要目标：对于一种认知层面上的行为，何种复杂程度的神经网络、何种神经生物状态，可以使其发生？这样，我们不是去描述一个物理上的"抽象脑"，而是通过生物学的手段、分子生物学的干预、系统生物学的分析来尝试培育新的类型的生物脑。我们把这些离体的神经系统再与机械装置联结起来，构成一个可以与外界发生物理交互的生物神经控制机器人，那么我们就可以研究神经系统的诸生物要素对问题解决、认知能力的贡献了。

### 5. 为何要研究脑的非意识状态

首先，我们重提对非意识状态做出的狭义的、谨慎的定义：非意识状态指的是我们在思考，但思考中并没有意识到什么，这种思维状态。它并非是指我们处于无梦睡眠或做梦的状态。可以将其理解为思考中的非理性状态、非进行表达的状态。我们暂不去探讨前意识、潜意识这些与思考过程似无直接联系的过程，亦先不去考虑异常的意识状态，如做梦、濒临死亡与坐禅等。

我们已论及意识便是我们可以直接获知世界与自我的思维状态。我们能够从意识中获得的是对事物的表达结果，虽然我们习惯在不同的场合称这种假定或看法为感觉、感受、情绪、欲望、认识、信念、动机等。此外，我们表明了：表达并不包含对事物的诠释，并且诠释的过程、做出表达的过程都是非意识状态下的行为。谨慎地，我们将对表达的逻辑相容性的判断认为是意识状态中进行的主要活动。那么，寻求我们认知能力的发展、对新概念的提出、对意识到的事物的理解的起因则应从对无意识的状态人的行为、脑的工作过程中来探究，而非仅局限在意识状态之下。诚然，我们只能在处于意识状态下获得对事物的认识的表达结果。然而，这并不会导致我们不能在自己的意识状态下去观察针对他人的或自己的非意识状态的、利用生物-物理手段而得到的"观察记录"。自然地，如何将对"意识"状态的经验（无论通过观察他人的或通过内省的手段报告自己的），与在这些"意识片断"的间隔期的对非意识过程的观察结果结合起来，对它们进行比对、分析需要精心的设计，需要首先结合生理指标来确定两类观察结果的时间同步关系。

## 10.3　理论认知学的研究主张

### 10.3.1　研究目的

我们需要寻求建立理论认知学的研究途径。在认知即是发展的信条下，我们寻求对认知的新的哲学、心理学，甚至可能包括其所需的数学研究途径。故以理论认知学来命名这种期待中的研究。这一学科的目的便是致力于解释认知能力是如何形成的，有可能会如何发展。其关注的是起因，而非原因。因为我们认为认知过程是个创造的过程，不是一个决定意义上的确定性的因果过程。其关注的是它的动态，而非暂态。其关注的首先是提出一个心理学上的理论，而非全部归于生物学上的机制。

第一步：在认知即是发展的假定下，确定出基本的认知行为的对应的概念描述体系。

第二步：构造适宜的心理学理论，其可以容纳实验科学的论据。

第三步：给出数学上的理论工具。当然，这一步是一种充满争议的，其需要以丧失数学的确定性为代价。因为我们要探求对不确定性的系统建立如何描述其自我发展的不确定过程的描述工具。这一目标是否可以，自然仍需先从哲学上进行分析。

### 10.3.2　主要研究内容

1. 本体论

1）认知能力对生物的作用

我们首选注意、记忆、意识这三项认知能力进行研究。

（1）独存性。

对这三项能力，我们关注这样一个问题：三者可以独立存在不？从目前的认知心理学研究结果来看，三者是依存的，无法独立存在的。由之引发的哲学问题是这三者的概念界定是否清楚。这种对认知能力的区分导致的本体论假定是否合理。此外，没有记忆、没有可引起注意的外在事物或记忆，主体会产生意识吗？这便是意识产生的前提条件问题。

（2）能力缺损的效应。

我们继而探究：欠缺某一种能力，认知主体会如何？

一个心灵若没有意识就不会进行表达或给不出表达的结果。这个心灵除了不能在群体中互动，其自身真的可以存在认知能力吗？

　　某一主体，当不具有记忆能力和具有记忆能力时，其意味着什么？当不具有记忆能力时，其或能表达，但却不能意识到表达的内容；其可以行为，但却无法对行为进行回顾和反省。当我们说某个主体不具有记忆能力却可以行动时，我们实际上说的是该主体不具备表达记忆的能力，即不具备显式的记忆，而非没有隐含的记忆。

　　某一主体，当其不具备注意能力时，这又意味着什么？其对环境或自身将不再有什么选择性的关心，将不能领会他者的意图。其自己也将不能基于意图高效地行事——观察外物或关注自身某个局部。无论由外部刺激或内部记忆或想象驱动的注意形式，还是由内部计划、意图或欲望驱使造就的注意形式，对于认知主体的行动而言，它们都是必需的。即使对于尚不具备认知能力的自动机器，其一样也有可以处理的情形和无法处理的情形，包括无法识别的语句或信号检测范围。

　　承接以上的讨论，我们需要关注的是不同程度的某项功能的受损会导致什么结果？

　　2）最简约的认知系统所包括的要素

　　这个问题比较尖锐，但却很有首先探究的必要。对此问题的答案能够向我们提示需要探究的研究方法论的方向。此外，如果不存在最简约的认知系统，即认知系统对其各种能力只能是"应有俱有"，我们就要走上另外一条路线——只能从整体上把握认知能力。

　　3）概念的形成

　　首先对什么是概念、概念与其指示或涵盖对象的关系做出分析。基于此，我们对概念的认识论本质，即其受我们在认识论上的制约，实为一种方法论上的思维工具，而非本体论上的存在，方得以看清。接下来我们需要关注概念如何可以被提出、创造与解释的这类问题。这是因为概念一旦建立，必然跟一个概念体系关联，必然诉诸于一种符号表达体系，也不可避免地涉及一个尖锐的问题——概念可以被解释的前提和限度是什么？

　　4）观念的产生

　　观念导致了更具时间长度、更现群体作用的人类行为以及人类对社会性行为的理性解释。在理论认知学的范畴里，跟对概念的考察一样，我们起先分析什么是观念，继而考察观念如何可以被理解与解释。但是区别在于，对概念的分析主要或起先得从对个体形式存在的心灵分析做起，对观念的考察则从社会性的心灵立足。这是因为：观念首先是一种关乎行为规范性的社会认知结果。

　　需要清醒地去考察如下问题。

　　（1）个体形成的观念需要具备哪些社会性条件？

（2）社会性心灵会如何限制个体对观念的表达？

（3）如何借助概念体系来表达观念？

## 2. 认识论

借助于心灵的工作去认识自我的心灵，去揣度他人的心灵，并且，通过心灵间的协作与共情去塑造社会性的心灵，这是心灵探究面临着的"发现自我同时塑造彼此"的认识境地。鉴于此，理论认知学需要从认识论的角度考察如下问题。

### 1）可对认知探究至何种程度

从现象学的角度，我们无法对意识的结果进行怀疑——因为我们能够把握的只有该结果，在形成某种表达结果之前，我们意识不到它。这就说明：我们需要寻求与其他方法的结合，如借助客观的观察实验，去观察导致认知状态发生变迁的更低层次的事物，如神经活动；去利用社会学研究结果或设置更宏观的社会性行为实验去考察存在于文化背景下的观念对个体概念体系可形成的约束。

### 2）如何分析认知的发展

系统观察婴儿、儿童乃至人一生的认知发展，无论从行为学还是实验心理学上已经积累了丰富的材料，也形成了以皮亚杰和维果茨基为代表的分别从个体认知建构和社会互动发展认知能力的研究主张[2]。其中，更具深刻性的问题有：①各种认知能力，如躯体控制、表情交流、情感表达与理解、符号理解与运用、逻辑推理以及物理、代数和几何知识的表示与运用能力，在个体发展历史中的依存性；②这些认知能力，特别是表情交流和情感表达与理解，存有的社会性制约因素。

### 3）如何分析认知发展过程中认知主体出现的概念系统结构性变化

对概念系统的结构变动的分析涉及两个方面。①判别这种结构性变化的出现。对此我们可利用"不同概念系统无法完全相互转换"的性质来进行判断。所谓无法完全进行转换指的是对于两个概念系统，每个系统都存有一些概念无法用另一个系统中的概念来进行解释。②揭示概念系统结构变化的潜在动力和发展趋势。我们可以从主体行为偏离计划期望、认知表达过程遭遇困境两个角度去分析造成概念系统结构变化的驱动力，并在一定程度上从主体认知行为结果上去探究概念即将发生结构性变化的预兆。至于概念结构变动的趋势，对其分析，需细致洞察相继出现的概念系统所带来的对意识到的事物的更新的、更细致的表达能力，以及其在形成个体或群体的行动期望和制定计划方面所体现出的更明确的、更具指导意义的应用价值。

这样，对理论认知学的研究而言，我们需要给出适当的描述系统去表示概念系统的结构，去构造合适的模型系统模拟或解释概念系统的解释过程或变动机制，去解释某一概念系统的诠释能力的缺陷，去揭示个体认知或个体状态的心灵的能力限制。

4）如何分析社会认知发展过程中群体出现观念变迁

首先，我们用"观念"来指示一个文化群体通过合作产生而后分享至其内部各个体的一类"特殊概念"或"价值/行动规范"。这类概念是任何个体均无法独立进行解释的；这类价值或行动规范也是任何个体均无法独立实施的，即需要其他个体的主动迎合。在这一背景下，分析观念的变迁同样也涉及两个方面。①判别观念变迁的出现。观念的变迁会导致群体对新的群体认知协同方式产生可供其解释或描述的概念，会对人际存在方式产生新的期望，会导致群体对合作方式赋予新的规范。②揭示观念变迁的潜在动力和发展趋势。一个群体会在两个方面受到观念变迁的驱动力。一个来自其他群体的竞争或合作压力。另一个来自群体自身的结构稳定性要求。分析观念的发展趋势需要围绕揭示群体的内部个体协作机制来进行。

这样，对于理论认知学的研究，我们需要给出适当的描述系统或模型系统去表示或模拟观念的存在过程，至少可以复现某些观念的变迁模式。

3. 方法论

为了实现对概念系统、观念系统的描述，探究其发展模式，分析其潜在动因和趋势，在方法论上，我们需要首先分析此问题：认知过程与非确定性系统、非决定性系统有何关系？继而，从可加利用的模拟工具的角度出发，我们需要思考各类系统，如数字计算机系统、模拟计算系统、机器系统、化学反应系统甚至人-机混合系统对个体的概念系统和群体的观念系统发展过程的模拟能力。基于本书第二部分我们得到的"物理机器不具有认知发展能力"的结论，探究生物组织与物理机器、化学系统的"混合系统"将最值得被关注。

## 10.3.3 研究方法

1. 心灵、意识的哲学研究

尽管对这两个问题的研究已经旷日持久，我们还没有对心灵的界限、种类和存在前提达成一致。甚至对何为心灵能力的不可或缺的标志，仍然缺乏哲学上的普遍认同。

在关于心灵的关键能力标志上，意识占据核心地位。然而，意识存在的条件、存在的形式以及其个体性和社会性间的关系，都还没有得到充分的探究。

从哲学研究的角度讲，我们需要首先给出一个清单，列出心灵及其意识能力所涉及的那些从科学理论上无法解释或从认知实验、人类体验中展现出矛盾事实的例子。

2. 对现象学论据的重视与对其方法学的结合

对个体体验的第一人称描述是现象学的立足点。其潜在的观念是对于意识表达出的结果，无法用客观性去对待；我们唯有通过自己的反省过程才能进一步获得新的表达结果。然而，表达同样受制于表达者自身的表达手段和能力限制，称为"表达艺术"。即使运用语言分析的哲学手段，我们也应该明白，每一种语言都有其局限性；此外，不是所有的表达结果都可以用语言来表达。这就是说：我们需要关注对其他表达方式的哲学分析，如音乐、手势、表情、身体的动作和舞蹈，进而发展出对它们的系统分析手段，而这类手段当然需要突破单纯的语言描述和分析——我们不能仅仅会用语言去分析哲学对象！在这个过程中，我们还要着重探究如何去分析多种表达方式的协同运用。

3. 实验认知心理学

实验认知心理学可以大胆开辟其研究领域，运用更大规模的数据。

从研究领域看，研究的对象首先可以适度扩展。

（1）跨物种比较心理学研究。

重点可对动物"心理"能力发展和人类婴儿及儿童认知能力的发展进行系统对比。这主要是为了界定认知能力的界限、探究认知能力的标志和分析认知能力的生物前提。

（2）探究人与宠物或驯养动物的认知互动建立过程。

人类对动物的驯养历史悠久，对动物行为学的研究也早于实验心理学的研究。研究人与宠物或驯养动物的认知互动，可将重点放于彼此互动的建立条件、建立方式和互动理解结果的可预测程度上。在这期间，我们可以刻意去控制互动的前提条件、方式和条件刺激等。之后，我们便可着力去关注动物发展出的表达方式和意向以及被观察的人对其意图的理解前提。我们最感兴趣的是不同程度的意识、不同手段的表达方式如何被协同地发展起来，彼此之间又会存在哪些无法理解的隔阂。从这些隔阂出发，我们可能会更好地建立起对认知标志性能力和发展条件的认识。

4. 系统神经科学与分子认知学

1）系统神经科学

神经认知科学的结果已表明：对于生物，心灵的存在离不开主体神经系统的活动。然而，研究神经科学，还需从系统的观点，借助系统生物学的手段，面对某一认知问题，如意识状态的存在前提，从各个层次上，包括神经递质代谢、神经细胞内部调控、神经关联回路、神经行为学，去做出对比分析。我们可以姑且将其称为系统神经科学的研究路径。当然，我们的前提是先选择某一个认知能力，其在生物心理学上的表现结果会在这若干个层次上均能被直接影响到。

2）分子认知学

作为对系统生物学研究方法的利用，自然，系统神经科学的研究需要囊括某一种认知能力潜在的分子机制。对于如何从分子生物学的角度去探究与认知标志性能力相关的神经系统的关联性，我们放在下面的分子认知学这一节来进行。

# 10.4　分子认知学

之所以称为分子认知学，是因为我们借助于生化分子干预的手段来观察其对认知行为的影响，借以明确某些认知行为的分子起因与细胞活动起因。其在理论认知学的概念体系下，主要确定与基本认知活动关联的细胞调控机制、代谢方式、分子起因。

## 10.4.1　哲学预设及其理由

### 1. 预设

认知行为具有其生化物质基础，但是使认知行为出现的层次至少在细胞层。

认知能力不在信息层面，因为信息不含有意义，否则人工就可以使用物理机制来制造认知主体。

认知就是神经细胞层次上对某些"化学物质"，如神经递质、某些其他蛋白质等代谢组分的作用。这表现为神经细胞借助这些化学物质对自身组成与生命周期的改变行为。

此种预设表明了我们关于认知即是发展，发展即是结构的变化的概念层次上的主张。

### 2. 理由

多细胞生物方出现体液调节，包括植物。这可以看作最简单的对外界的反应的分子基础[3]。

只有动物才有神经细胞，而我们从自我的心理感受上认为至少某些动物具有心灵。

神经细胞构成的网络在复杂程度上的进化产生了生物的脑及人类的脑。生物学上对于脑作为认知行为的核心基础并无异议。

以坎德尔为代表的对记忆的分子基础的研究的成功例子[4]可以视为对这种主张从实践结果上的有力支持。

3. 其他较弱的假说

认知过程虽是认知个体的诸生理成分，如神经系统的集体功能，但每项功能都可以在"分子"层次，至少是神经细胞层次上去寻求其生理起因。集体只是组合、放大、变换这些个体的事件。

某一认知过程涉及的分子类别会有不同。

我们可以参照坎德尔的范例来寻求各种认知能力的分子"痕迹"，得到其神经递质、代谢物、基因调控作用的解释。我们把基因看作针对这种认知行为，驱动其相应代谢反应的激发信号源。

4. 本体论

我们并没有支持完全的还原论，我们只想说明：整体的性质也不是凭空产生；对于事物的认识既要寻求整体论上的高层次的理论，也要确信其在低层次上的基础。所以，我们对世界的看法是其物质朝向结构化的、层次化的发展，而作为这种发展的起因的"基本物质"是互相联系、整体存在的。其实在每个层次上，世界上的事物，其组分间的关系亦是如此。

5. 如何确定认知行为的体系层次

我们可采用比较的方法，以区分体现出某个基本认知行为的最小单元其处于哪种层次，又由哪些组成；明确是哪类细胞、其又处于何种细胞代谢模式。此是研究其生化机制的立足点。

## 10.4.2　注意行为的电化学与生化起因

下面，我们针对注意行为，设想一个研究方案用以说明其进行的主要过程。

1. 问题

选择性注意的分子起因。

2. 技术方法

利用模式生物秀丽线虫，采用基因干预其神经细胞的发育与调控。

对实验结果利用系统生物学手段在基因组、代谢组、蛋白质组、形态学、行为学诸层次上进行分析。

3. 实验设计

目标：找到某些神经递质及对其表达的调控基因来改变秀丽线虫对氯离子浓度的注意能力[5]。

需验证的假说：基于刺激的注意或前注意行为是由电信号来传导的，而基于动机的选择性注意行为是通过化学递质来调制的。

4. 行为观察要点

对于某一递质的有无或其浓度的变化，秀丽线虫是否可以从随机择食的运动方式变为有选择的择食方式。

5. 可能的其他发现：功能如何获得遗传

由于我们预设了认知功能或基本的行为功能是分布于"生化过程"的，那么，当这些生化过程获得了遗传上的表达支持后，个体将从分子与细胞的集体行为层次上体现出它们的效应。这便说明：遗传细胞若可以获得功能发生增进的细胞的"记忆"及其被改变的基因与代谢模式，整个生物体便可以获得行为上的遗传。我们可进一步推测：拉马克（Lamark）的"用进废退"的进化观可以得到一种生物学上的实现。之所以强调被改变的基因及其代谢模式均需要被遗传细胞获得，我的理由是：遗传的可靠性是由基因及基因的解释者或环境来共同保证的。基因并非可以视为遗传顺利进行或者遗传本身的决定机制的全部[6]，我们还有对其与蛋白质组、代谢组的关系以及微小核糖核酸（micro RNA）的存在关联等诸因素需考虑。

## 10.4.3　寻求符号的踪迹

下面，在上述分子认知学的研究范畴内，我们再通过一个假设的研究规划[7]，来说明如何可以借助神经发育学与神经细胞生命周期的研究来探究符号（一种抽象的表示）是通过哪些生化过程产生的。

1. 材料

我们选择某些模式生物的神经细胞、人脑中的神经细胞、具有神经-电子接口的机器人系统依次作为实验研究的材料。

2. 研究目的

我们把"认知能力与神经发育的关系"作为最终的研究目的。欲以分析这种关系，先需要重点关注的现象为：①某种认知能力与相关的细胞器、分子及其信号传导模式；②某种认知能力与细胞的代谢模式、生命周期的关联性。

### 3. 因果性假设

对于本书中关注的主题——"概念形成"这种认知能力，我们先给出这样一种因果性假设：若概念产生能力涉及的两个必要因素（产生表达符号、对该符号进行有意识的诠释）可能对应两种神经代谢模式。

### 4. 猜测

对于上面的假设，会有两种可能的生物对应关系：①这两种模式可能分别表现为某些细胞器内部的蛋白质表达及细胞外部的体液调节；②胞内现象对应符号操作过程、胞外现象对应符号产生与诠释过程[8]。后一种情形更为可能。

### 5. 手段

为了验证我们上面的假设和猜测，可以采纳两种实验手段：①利用模式生物，对其神经系统的发育进行基因设计与代谢物干预，然后观察其行为的变化；②将离体的人脑神经细胞用于进行生物神经控制机器人实验。

我们通过以上的比较，除了验证上述关于制约其分子过程的猜测之外，还可用于区分这两个问题：①符号产生能力与细胞类型的关系；②符号产生能力对细胞网络结构的依赖关系。

### 6. 其他考虑

同样，对于选择性注意机制这种认知行为，我们也可以用上述的方法对其生物机制进行探究。我们想知道这个问题的答案：何种最小复杂度的神经网络可以产生一个生物的选择性注意行为？我们首先期望去选择秀丽线虫这种模式生物来开展实验、寻求启示。

## 10.5　探究意识现象的可能途径

### 10.5.1　意识是什么

称我们具有意识就是说明我们处于一种获得了某种表达结果或正处于表达某种内容的认知状态之中；意识被视为我们的直接感觉、心理体验及各种思维表达结果的总和。基于此，我们便可以去寻求当我们处于意识状态中时我们的行为所处的状态。我们对应的行为方式、我们的脑的状态和其相应的生化模式都可以看作不同层次上意识状态的对应现象。

## 10.5.2　意识被用来做什么

由于非意识状态是实际的认知发展过程，即人类思维的创造性过程，那么其本身便是一个非决定性的系统。这便说明：对于同样的外部信息或刺激，其给出的表达，即被意识到的内容是不具有确定性的；严格地，其既无符号逻辑上的确定性也无概率意义上的确定性。那么，意识便是被主体用来作为保持确定性的手段。称一个认知主体处于意识状态便是说其处于获得了某种表达结果的状态。莫如说，意识是一个仲裁者，它选择了由非意识过程作出的、更为自洽的多种表达选项中的一种[9]；之后，其保持该种表达结果并审核其逻辑上（如基于先前被认可的表达历史）的合理性；最后，会将表达的结果诉诸主体可以利用的工具（如肢体的动作、感觉器官的动作、口头言语等）以寻求确定性的行为结果。

从意识状态与非意识状态的关系来讨论，意识过程就是一种对非意识过程的"客观"观察，与人们对外界的观察本无二致。所谓客观性，是指观测者、观测行为不影响被观测的事物，而不是必须要求从第三者的角度来进行观察。

非意识的产物即表达结果，即使经过了意识的考察，也仅能表明其实践上的可能性。故而，主体需在意识状态下完成对表达结果的实践。

我把上述这些看法先暴露出来，作为后续实验分析评判的靶子。

## 10.5.3　从非意识状态中分析意识的起因

从这些分析出发，我们可继而追溯它们的起因，即当我们处于非意识的状态时，我们的行为、我们的脑活动及其生化模式究竟如何？这便是我们的主张：先从人类解决问题时的非意识状态中来寻求意识状态或者思维的表达结果是如何得到的、出现的以及被影响的，以此得到我们对意识状态的起因的观察论据或数据的把握。

## 10.6　结　　论

在本章中，我们在接受认知即是发展、发展机制不可以形式化的方式被理论化这样的主张的前提下，回退至生物学的领域来分析如何可以有效地干预认知过程，而非去揭示或模拟这种过程。我们把寻求对认知的概念层次上的理解确定为理论认知学的首要的哲学研究范畴，建立我们的后续实证科学需依赖的概念体系。而对可能的实证科学的研究，我们给出了分子认知科学的研究规划，并通过两个假设的研究计划——选择性注意与符号产生，彰显其拟采用的研究方法。最后，我们阐明了对意识与非意识的关系的猜测，并指出如何去考察意识的起因。需要强调的是，我们对认知科学（包括实验认知心理学、神经认知科学、分子神经科学）的看法是，它们寻求的是对认知行为（包括认知发展与意识产生）的自然生物事件上的起因，而非决定意义上的因果解释。在此学科中，我们可以寻求到的是干预认知的手段，而非描述认知的形式化模型。

# 注　释

1. 参见文献（诺意曼，1965）第 60 页。他认为中枢神经与算法具有较低的逻辑深度与算术深度、使用统计的方式进行工作，其"语言"不是完全的机器码而是抽象的、简略的短码。我们可以认为"短码"实际就是代表抽象概念的符号串。

2. 皮亚杰的建构主义学说可参见文献（皮亚杰，1981）；维果茨基关于认知发展的社会心理学理论请见文献（维果茨基，2017）。

3. 丹尼特（Daniel Danette）分析了这些不同的调节方式（丹尼特，1998）。当然，他认为这些都可以看作某种心灵的能力。我则认为，不如先不要谈化学物质、植物的心灵，否则，计算机能对外界发生反应，也可以视为心灵的计算结果。我们不妨先只谈神经细胞或脑的生物的自然心灵。

4. 关于这段科学史话可以参见坎德尔（Eric Kandel）之自传（坎德尔，2007）。

5. 秀丽线虫的食物便是氯离子。博登（Boden）亦谈到"C.线虫只有 302 个神经元，我们已经精确知道它们的连接，但实际上我们还不能识别突触是兴奋状态还是抑制状态"（博登，2017）。

6. 理查森（2018）基于生命是一类自组织动态系统的假设来表述相似的观点。他指出单核苷酸的多态性的存在表明了同卵双生者的基因事实上是不完全一样的（第 1 章）。此外，对于发育过程，环境的作用十分显著，如变异缘于基因与环境的互动（第 62 页）；甚至"经验的记忆，可通过母亲的卵子被后代所遗传"（第 164 页）。

7. 这个例子目前只是用来反映本章提出的分子认知学研究的方法论。目前，我们尚不能表明其有充分的研究必要性。

8. 当然，更大的可能性是符号的生成需要更高的层次，如某种具有多层结构的网络。至少，该项研究可以得到论据来使其依赖的层次范围更为清楚，即通过实验证据来否决在单细胞层次上生物会具备符号产生能力的假说，从而来指示我们去探讨更高的层次，如某类细胞网络形式及依赖的代谢环境。

9. 存在心理物理学的实验结果支持我们这种"非意识心智活动平行于有意识心智活动"的理论看法，参见文献（里贝特，2013）的第 3 章。然而，尚需神经活动数据的实证。

## 参 考 文 献

博登 M A. 2017. AI：人工智能的本质和未来. 孙诗惠，译. 北京：中国人民大学出版社：184.

丹尼特 D. 1998. 心灵种种. 罗军，译. 上海：上海科技出版社.

坎德尔 E. 2007. 追寻记忆的痕迹. 李新影，等，译. 北京：中国轻工业出版社.

里贝特 B. 2013. 心智时间：意识中的时间因素. 李恒熙，李恒威，罗慧怡，译. 杭州：浙江大学出版社.

理查森 K. 2018. 基因、大脑与人类潜能：人类的科学与思想. 吴越，译. 北京：中信出版社.

von 诺意曼 J. 1965. 计算机与人脑. 甘子玉，译. 北京：商务印书馆.

皮亚杰 J. 1981. 发生认识论原理. 王宪钿，等，译. 北京：商务印书馆.

维果茨基 L. 2017. 高级心理机能的社会起源理论（维果茨基全集，2）. 龚浩然，王永，黄秀兰，译. 合肥：安徽教育出版社.

# 结语：认知是自然的变化之源

### 1. 我努力想做到的

期望能将我在本书中的主要观点与论证建立在这样一个前提之上：认知主体必须要有对概念的产生能力，从而做出逻辑自洽的论证。另外，我想避开两条已有的出色思路[1]：①借助现象学说明机器无法产生关于不同的情境的觉知从而否定其可以产生智力；②借助语言分析哲学，说明心-身问题是个使得概念范畴发生混淆的问题从而指出使机器具有心灵本身就是一个无意义的问题。我这样做的目的是想在更广阔的背景中给出自己的解释。

### 2. 我的论证要点

1）本体论

尽管我们可以怀疑世界的存在性，或者至少认为世界本体的存在或许只是我们描述世界时一种方便的假定，本书仍持这样一种对待本体论的积极观点：如何假定世界存在之物可以影响我们对世界的讨论和认识的深入程度，故而，假定世界在本体上的存在是极有意义的。

目前，我关于世界存在的核心观点是世界是层次化的、非可还原的[2]。故而，体现认知发展能力的个体也是层次化的，其认知发展能力是不可以还原至物理层次的。

在认知能力非可还原性与世界的层次性本体论上，我们表明的世界观是物质并非是不变的、不能湮没与创生的，恰恰相反，其时常处于变动之中，就是这种变动向世界提供了其持续的发展之源；另外，是世界上物质间构造出的复杂、不能还原的结构让我们不断超越旧有结构或层次的制约。我们认为通过层次化的世界的不断构建可以更好地描绘世界发展的真实面貌。

2）方法论

（1）层次化的概念体系。

我们为了理解世界，建立了包容多个层次的描述体系。然而，我们对不同的层次却使用着不同的概念体系。这些不同层次的概念体系无法相互转译，遂构成了上层概念无法"根植"为低层概念的困境。

对世界的层次化的描述同样起源于我们的认识论的局限：我们永远都处于盲人摸象和管中窥豹的处境。当我们关注世界的发展时，层次化的描述自然会导致我们始终要去拷问如下两个问题。

①下层如何形成或生成上层？

②上层能否或如何影响下层？

我们对世界进行描述时，各层均使用各自的概念体系，而概念体系本身具有"封闭性"，即概念的符号化解释最终只能停留在基本概念间的互相解释之上，故而，当理解跨越层次时，必会产生无法解决上述两个问题的"先天缺陷"。

（2）数学的形式化基础面临的局限。

对基本的数学系统进行形式化不能保证其完备性，尤其是无法判定自指性命题；而解释的多样性也导致对于基本的数学系统我们无法使用形式化方法获得唯一的解释。

3）认识论

（1）物理机器的局限。

形式系统无法产生概念，即使可以产生，也无法传达概念的意义。

（2）理性的局限。

意义是无法传递的，概念的理解需要理解者的存在；我们无法将意义、概念和理解传达给依照"形式系统"而工作的不具有心灵能力的单纯的物理层次的机器或化学层次的机器。

（3）解释的终点并不存在。

无论对自我还是对他者，解释某一概念、某种体验似乎是没有终点的。然而，在很多时候，理解却可以超前或无须过多地解释。

4）概念的产生与理解

认知的本质是发展；认知发展的标志是产生概念。

本体论：概念 = 符号 + 诠释（符号的意义）；对于理解过程二者是无法分离的。

认识论：意义不能传递；意义并不具有不确定性的存在。

## 3. 心-身问题的讨论

笛卡儿对心-身间相互作用的困惑[3]表面上是他所假定的身、心（精神）两种不同的实体属性存引起的。而实质上，亦可归咎于其对物质做了不合实际的假定，即认为物质世界乃是确定的。因而，创造性的心灵就无法或难以用以确定性的方式工作着的身体去承载。当去除这个本体论假定后，心-身问题实际上就消除了。该问题就转化为何种物质的不确定性通过何种层次性的组织有了心灵层面的不确定性，而其中恰就蕴含了如人类认知行为的创造性。

即使遵循笛卡儿的心-身二元论[3]，作为确定性机器与概率机器也只会具备身体，无法触摸到心灵。这是由于它们无法获得对概念的理解能力，它们仅仅可以用于表述人类概念脱离了意义与诠释的符号。纯粹的物理系统自然没有心灵。它们也就不会体现出我们认为的心灵的能力，如我认为可作为一个标志的概念形成能力。心与身（包括身体的一个部分的脑）的统一至少要由一个可以产生概念继而理解概念的主体来完成，虽然这种统一可能是个性化的、不能完全由主体来反省和解释得了的。这样，我们至少可以认为先存在着每个个体的心灵，继而或许会有普遍的、可以互相理解的心灵，而不是否认个体心灵的存在，认为心灵是个体间纯粹交流的结果。反过来，我们也不会把身体，特别是脑，看作可以用纯粹的物理机器来替代的，故而认为倘若承认身体是心灵的实施者，那么物理机器就能产生心灵的能力。心灵是认知个体的能力，而非它的那个组分（如单独的脑）的能力。心灵并非是一种单独的存在，心灵乃是个体的存在。认知是心灵的能力，推而广之，认知极有可能是自然界的创造性得以嬗生的重要缘由。心灵属于创造者，心灵的活动就是自然的演化行为，无论这个创造发生于哪个层次、哪个角落、哪些个体、哪些个体之间；而创造是不断将尚未建立起联系的、尚未意识到存在的更久远、更深刻、更朴素、更具物质性的个体间的前缘赋予新的结构的奇迹。认知行为即是续起先订之缘的活动！

### 4. 直觉的诱惑

以下列出一些导致我们对机器能否思考这一命题给出判断时所面临的困惑的潜在原因。我们总是倾向于去获得可以思考的机器以增进生活的便利等，故而会时常抵不住直觉的诱惑。当然，我们最可靠的、最具创造性的思维形式依然是直觉。

1）逻辑含义的误解

逻辑悖论就是说明不允许的表达方式，即并不指向意义的表达方式。可称为形式化的"缺陷"。其最典型的、时常被忽略的就是自指性的命题。对这些命题，我们可以判断其真、知其意义，然而，形式系统则面临冲突、无法解决，遂只能避此先天不足。

2）对可还原性理解上的轻率

在世界可以还原至较低层次（通常是物理层次）的主张中，这些问题往往被忽略：层次与结构的关系、未被意识到的联系、低层不能表现的性质、物理还原主义的层次化解释本性。另外，绝对的拒绝还原便是否定了从下层的行为去解释而非以确定的方式去重现上层活动的认识可能。这是我们在方法论上面临的主要困难。

3）概念范畴的混淆

我们时常论及脑具有认知能力，故而陷入心-身二元论的逻辑错误中。正确的说法是一个主体有认知能力，而非一个主体中的哪个部分[4]。

4）对认知行为的本体论的讨论被忽视

这是最被忽视的问题。我们在本书中着重讨论即是此。

即使摆脱了上述这些直觉的诱惑，我们往往还会经常不自觉地仍旧考虑用一个确定性的系统去试图产生非确定性的、体现创造能力的系统，因为确定性的系统是我们最愿意去拥有的、最易于去理解与把握的。此即我们在断定机器能否思考时所面临的最大的"直觉上的诱惑"。

5. 对技术哲学的启示

我们仅以下面的设问来分析本书的讨论对技术哲学的作用。

1）我们能否创造自然

回顾前面的讨论，本书的结论实际上是我们不能成为或替代全能的创造者[5]，先不论其存在与否。对之讨论如下。

（1）创造过程是非意识的，认知过程是主体化的。

因为我们无法直接觉知到创造过程本身，所以无从对它仅凭借意识状态进行自省式的理解的可能。我们无法获得两个一样的动物、人类成员——这里相同的含义包括其遗传学、个体发展学、个体行为学、存在的时空等，故而，对认知主体的克隆并不存在。所以，我们在这个世界上无法获得、产生"相同的两个"生物界的认知个体，遂无法通过同时观察、比照它们的无意识状态与有意识状态来对认知过程进行"切实的观察与分析"。这从认知活动的主体性的角度说明：客观的系统性观察不可以实现。故而，我们即使能设计出一个具有认知能力的物理系统，也无法比较它的认知过程与生物的认知主体内在过程间的一致性。

（2）模拟智力行为不能导致替代智力产生能力。

我们已经论证了这样的系统若只是纯粹的物理机器[6]，那么就无法对认知主体的各个部分进行还原替代，这便说明即使我们承认"身体即是心灵"这种具身化的心灵观念[7]，那么，除了利用自然的身体形态，我们不能有其他的纯粹利用物理机器的可能。而纯粹的、无机的化学系统是否可以具有有机的认知主体的能力呢？这个问题可以留给读者去思考。物质决定了事物不可分离的性质，而以概念的产生为标志的认知能力碰巧就属此类。这一产生概念的不可替代物质便是生物的细胞，而非其部分组分。我们可以断言，神经细胞是决定认知能力的关键物质结构。我们继而可以考察：哪类、处于何种细胞周期、何种代谢环境下的神经细胞更为关键。

（3）部分不能理解整体。

我们已讨论了一种新的物理还原主义的可能性。其建立的原则在于：世界在某一层次上是不可分离的，是完整存在的。对于这个层次上的事物，其一便决定了其余。在这一层次的事物之间，存在着互相赖以生存的联系。而世界的发展是这些联系被不断利用发掘，遂有复杂的结构不断涌现，虽伴有结构的离析。用以建立新的结构的自然行为，我们不妨称为认知过程。那么，作为这种决定整体性出现的行为若不是从事先存在的联系中获以发展，将只能是无中生有。这样，基于此种对世界本体的假定，除非我们的头脑，一个或多个，直至全体，可以决定世界的最低层次的某一事物是什么，并且在构筑出说明它的行为的过程中不会影响其存在行为方式的描述。然而，这种独立观察已被亚原子层次的量子物理学彻底否决了。

（4）认知过程需要的不仅是能量。

信息即是能量的转换方式，而信息只是传递了表示结构的符号，而非意义。

除了交流或表达意识到的结果或意识状态中的内容所需的符号外，认知过程更关键的是理解与创造符号。理解符号涉及概念的诠释，提出新的符号则涉及概念的产生。而创造概念自然就包纳定义符号意义的过程。经过经验的积累，认知主体先施行对经验的概括而后创造出某种定义的符号并赋予其意义，该意义随即便超越了经验的范围，并在后续的概念使用与理解中不断超越先前的所指。自然，我们没有理由认为真的存在什么"不变的定义"或绝对确定的"所指"。然而，就交流的双方而言，至少双方认为暂时存在着互相认可的、视为稳定的或确定的所指物。

这并不与世界是由物质构成的观点相冲突。不如说，体现出认知能力的个体其对应的物质世界是蕴含了创造能力的。这一创造性既可能反映在物理层次上，如其物质数目、种类的变化；也更为显著地表现为出现在物理层次上的更复杂的层次结构的变动及各层次内部[8]，尤其是认知层次的行为变化上。

2）我们能否影响和改变自然

对此，最让人担心的回答是我们能够干预它，不必理会它愿不愿意。诚然，我们的认知活动确实为我们准备了这种惊人的能力。

3）我们能够做到对自己的行为负责

只有我们能够对自己的行为所导致的结果有先见的决定权利时，我们才需要或可以允许对自己的行为负责任；而并不是我们的决定是我们行为的充分条件时，我们才需要对我们的行为承担负责的义务。所以，进行谨慎的生物干预来改变认知过程或去推动我们对认知过程的探究，最需要的首先依然是要足够谨慎。

### 6. 心灵的处境

我们从前面章节（第2章和第3章）的讨论中对我们一般认为的心灵工作方式得到了一串令人寒彻入骨的认识。

从知识的角度，我们积累下来的只不过是符号；从交流、教育的角度，我们传递的也只是符号本身。倘若没有能够经过努力理解这些符号的心灵的存在，这一切文化的遗产都将不再有意义。意义只能存在于心灵之中，它不会被传递。理解必须经过个体的努力，外物虽可助力却不可替代。

我们把意识视为神圣之能，然而，意识只是让心灵处于表达的结果的若干个瞬间。一旦形成表达，创造性便会退避，原有的所思虑之物的智力色彩随即暗淡。那对认知和人类灵性至关重要的并非是得到表达的结果、处于有意识的状态，而是求索意识状态出现的非意识行为。正是我们尚未意识到地造就了我们可能的意识。我们对意识出现之前的创作过程目前知之甚少。

从悲观的角度讲，心灵能否接受意识的极限呢？如意识难以用来解释其自身为何出现？于是，心灵放弃对绝对理解的追求。它转而去呵护我们对非智力行为、非创造过程的理解。在这个过程中，那些我们认为的具有智能的行为脱掉更多的确定性的外衣。

### 7. 认知能力的作用

本书主要关注的是认知能力中的概念产生和理解。但是，有必要简单阐述一下作者对认知能力的诸般作用的看法。

1）主体使用心灵的认知能力来产生具有某种确定性的表达

这些产生的确定性的表达结果最终被利用的典型结果有：①利用其中可以被形式化的部分制造出机器去复现确定性的行为；②形成自动化的下意识的自我行为，如下意识状态下的驾驶、游泳等；③利用其中可被符号化的部分去更加有效地、时常是大规模地唤起其他心灵的理解或同步于他人的集体行为。

2）个体使用它去寻求他人的互动与协作

可被符号化的传达给他人的表达结果（如语言、文字、乐谱等）、具有艺术感染力的表达结果（如音乐、美术作品、曲艺、演讲等）以及其他的人际表达结果（如手势、表情、语调、体态等）都可以认为是认知活动的产物，它们之所以被传达给他人，就是为了激起他人至少是思想上的互动或者情感上的触动。

这也就是说，认知很大程度上是为了塑造社会化的心灵。甚至，我们可以再次像在前面内容曾经追问的那样去扪心自问：脱离了社会，心灵可以独立存在吗[9]?

3）控制非我与自我

激发他人的互动、感染他人的情感、干预他人的心理，这些可以看作去控制非我的生命体；同样，使用理论去描述现实世界也可视为去控制非我的自然。另外，具有自我意识的认知主体还要不断地建立关于自我的描述、产生许多关于自我状态的表达和未来期望等，这些都可以视为控制自我的能力表现。

4）获得对世界理解的可预测性和经济性

认知活动产生的确定性表达结果就蕴含着对世界的可预测性；而这一可预测性会造就经济性，表现在据此可设计出能够进行重复劳动的诸般机器。此外这种可预测性尤其对人类的社会化生活最为有益。

8. 路在何方

认知是自然界的变化之源，这是我们对认知层次结构的本体论假定 [10]。回顾本书，我们实际上对在本书伊始提出的所关心的问题，即认知发展过程是否可以施以理论化的理解，给出了如下结论：认知发展是不能被形式化的，尽管我们只是以概念理解这一认知行为来进行剖析。这是因为产生与理解概念在我看来有充足的理由作为衡量认知发展能力是否具备的标志。否决了形式化的可能，我们继而要问：对于认知发展能力，是否存在可被理论化的其他途径呢？

例如，作为可以产生概念的系统需具有两个能力。一个是可以不断改变自身的结构或规则；另一个是对其已有的能力进行表达，并可将表达结果建立成一个递归过程，虽然这个递归过程可以是不确定的，甚至在实施的过程中可以受外界作用。

我愿把此问题作为后续哲学研究的重点问题。目前，可以期望的是亟须首先进行其对应概念体系的创造，以突破"形式化"的确定性陷阱，继而建立体现这一概念系统的心理学理论，之后发展新的数学表述基础方法，即在非确定性的数学观念上为其提供结构发展的栖身概念。突破这一局限，最能首先被利用的便是我们的心灵所擅长的、创造新的概念并给出可诉诸于实践诠释的这一标志性的能力。

# 注　　释

1. 对于现象学分析方法的运用，请参阅文献（德雷福斯，1986）。其对早期人工智能的研究分析较为中肯。对于沿袭语言分析哲学的方法拒绝将心-身问题作为一个有意义的问题的出色工作起于赖尔，参见文献（赖尔，1988）。Searl 的工作比之更进一步。他给出了反对机器（计算机）会具有心灵的若干论据，见文献（塞尔，2006）的第 2 章。其核心的观点有二：①计算机不具有语义，而心灵是意向性的、主观的、具有语义的；②语义的存在依赖于使用者，而物理个体是不具有语义理解能力的。至于其他的反对计算机可以产生智力的代表者的思路及其主要论据则请参见附录，继而或可追溯原文。
2. Damasio 将其称为笛卡儿的错误（达马西奥，2007）。
3. 若想对心-身问题作一简要理解，可参阅文献（塞尔，2006）的第 1 章。
4. 关于范畴混淆导致将心-身问题作为一个哲学问题的讨论参见文献（赖尔，1988）。这是一种遵循语言分析哲学的看待方法，Bennett 等亦是将这种方法论用在了对神经科学的研究目标如何谨慎确认之上（贝内特等，2008）。
5. 这里全能的创造者的含义是一种替代自然界的自身行为的说辞。当然，我们不能否认这类信仰至少对人类曾经的存在及目前很多人类成员的存在的意义和对其而言的不可或缺这一事实。

6. Hofstadter 的洞见是自指性（如自发修正自己的程序规则），是智力、创造的根本形式。然而，他却遁入了试图建立合适的形式化系统来获得这一能力的直觉诱惑。尽管，他在其著作（Hofstadter，2000）中描述了哥德尔的不完备性定理，用以表明了形式系统无法解答自指性命题的局限。

7. 参见文献（皮耶福尔等，2009）的第 1 章。

8. 当然，包括展现出来的更为复杂的物质间的互动作用，至少在生物化学层面上如此，参见文献（约翰逊，2007）的第 2 章。

9. Daniel Siegal 在《发展中的思想》（*The Developing Mind*）一书中这样阐述过自己关于心灵的社会化本性的看似激进的观点："我们不拥有自己的思想，独立于他人之外……。"引述自文献（理查森，2018）的第 9 章。

10. 我的这种认识与赵南元所认为的认知是一种广义上的进化的观点（赵南元，1994）接近。

# 参 考 文 献

贝内特 M R，哈克 P M S. 2008. 神经科学的哲学基础. 张立，等，译. 杭州：浙江大学出版社.

达马西奥 A R. 2007. 笛卡儿的错误：情绪、推理和大脑. 毛彩凤，译. 北京：教育科学出版社.

德雷福斯 H L. 1986. 计算机不能做什么：人工智能的极限. 宁春岩，译. 上海：三联书店.

赖尔 G. 1988. 心的概念. 刘建荣，译. 上海：上海译文出版社.

理查森 K. 2018. 基因、大脑与人类潜能：人类的科学与思想. 吴越，译. 北京：中信出版社.

皮耶福尔 R，邦加德尔 J. 2009. 身体的智能——智能科学的新视角. 俞文伟，等，译. 北京：科学出版社.

塞尔 J R. 2006. 心、脑与科学. 杨音莱，译. 上海：上海译文出版社.

约翰逊 M H. 2007. 发展认知神经科学. 徐芬，译. 北京：北京师范大学出版社.

赵南元. 1994. 认知科学与广义进化论. 北京：清华大学出版社.

Hofstadter D R. 2000. Gödel，Esher and Bach：An Eternal Golden Braid. London：Penguin Books.

# 附录 A  对计算机不能思考的主要论据的综述

通常，要理解某人的观点，最佳的方式便是去阅读他的论著。他人的转述难免增加新的、不恰当的解释，还会不自觉地改变原作者对问题的表述。这里，出于节约读者时间的考虑，我特作一篇综述 [1] 附上，用以列出四种有代表性的认为计算机不能思考的论点，并分析其支持者的主要论据和哲学立场。我们按照其采用的哲学立场或方法论的不同来进行分类。

## A.1  现象学的方法

德雷福斯（Deryfus）反驳人工智能主张的主要依据来自现象学，但也借助了少许语言分析的哲学手段，如其言及心理学的信息加工层次表述犯了层次混淆的错误。

他的核心观点是世界是不可形式化的，人类智力活动是在不可形式化的、变动的局势中进行的。故而，借助形式化的途径，如利用人工智能机器，将无法获得对人类智力活动的理解，也无法获得真正的智力行为。

1. 哲学立场

德雷福斯是从海德格尔、后期的维特根斯坦对西方哲学传统的反思或背离中找到了断定人工智能注定失败的哲学依据。这一传统以笛卡儿、莱布尼茨、维特根斯坦（早期）和胡塞尔的思想为代表，尽管胡塞尔是现象学的开山鼻祖。

1）传统的哲学传统

笛卡儿、莱布尼茨、早期维特根斯坦继承了自柏拉图以来认为存在着"理想世界"的思想，认为世界中的事实可以客观存在，而居于"理想世界"之中被心灵发现的理论可以被用来描述这些"客观的、与语境无关的元素之间的关系" [2]。继而，这一传统认为：借助理论，世界是可以被形式化的；故而，世界亦是可还原的，如还原为物理机制。

胡塞尔的先验现象学进一步指出：语境是可以描述的；存在我们交流中用的符号或语言所指向的意向状态。然而，他们遇到了无法逾越的困难——"为日常的常识世界建立一个形式的原子论理论" [3]；他们也难以"完成对人类的信念系统独立的描述" [4]。

2）对传统的背离

（1）海德格尔。

比之世界中的事实，海德格尔认为应该关注世界本身。这个世界以整体的方式存在，故不能用"与语境无关"的元素来描述，常识背景故而难以形式化。人类活动中以技能、实践、辨别力为方式的存在过程并没有先验的意向性。

（2）维特根斯坦。

当维特根斯坦完成他的哲学立场的转身之后，他发现世界竟不能用逻辑的原子体系来描述。这个世界存在着无法还原为原子事实的事实；此外，符号和概念本身并没有意义。

3）德雷福斯的引申

人类在解决问题时更重要的是去理解背景；而这是"一种技巧，而技巧又是以全体模式而不是以规则为基础的，那么我们就可以预期符号表述方式不能获得人类的常识性理解"[5]。

对于并非依照逻辑推理方式运行的神经网络，他也认为其存有先天不足，如"根据这种网络的构造体系，设计者已经规定了某些困难的概括是决不会被发现的"[6]。

所以，要制造"具有恰当概括的意识"，神经网络需要具有个体的"需求、欲望和情感，而且必须有一个人类式的躯体"[7]。此外，它还需要接受来自"当前文化中获得的目的的促动"[8]。这表明：德雷福斯认为智力需要个体的心理需求、个体躯体的参与以及个体间的文化互动。

2. 德雷福斯对人工智能的哲学预设的揭示[9]

1）本体论
存在着在逻辑上完全互相独立的事实。可以使用这些原子事实来定义世界。

2）认识论
一切知识都可以被形式化。

3）方法论[10]

（1）生物学假想。
大脑是以离散的方式进行工作的。

（2）心理学假想。
大脑依规则加工信息单元。与之对应，在神经生理学/生物学层次与现象学层次之间存在这样的一个信息加工层次。

3. 德雷福斯对人工智能的哲学预设的反驳[11]

1）本体论
存在的一切都是对确定事物的假定（庞第，Merleau-Ponty）。

称事物的可彻底计算性为技术，技术反过来会把事物（本体）完全排斥在外，也就是说，有了这种技术手段，事物原来的存在就不再需要了（海德格尔）。

没有构成真实性的简单原子（维特根斯坦）。

人类居于其间活动的局势无法形式化，其与事实并非一个层次（德雷福斯）。

2）认识论

世界不可能分解为相对于本书的环境而自由的数据。

形式化是解释某一能力，而非对这种能力何以形成的解释；故而，使用形式化的途径无法解释智力如何形成。

对于自然语言的理解，不仅语法有例外，还存在语用的难以形式化；此外，从现象学的角度上讲，人类并不按照规则来使用和学习语言[12]。

并不存在所有规则的规则，这会导致逻辑上无限阶层的矛盾；并且跟现象学上并不存在无意识的规则这种经验相左。

人类这一能动个体的活动与物理客观世界不同，其受制于不断变化的局势。

3）方法论

（1）生物学假想。

脑是按照多个层次进行工作的。

脑的运行是以模拟方式进行的。

脑的各部分具有强烈的相互作用。

（2）心理学假想。

缺乏具有普遍性的程序，如现有程序不能区分背景中何为重要/不重要，何为相关/无关。

心理学的理论或表述不能将生物学和现象学的层次混淆，即不能犯经不起语言分析的表述错误，否则这种表述就是在物理机器层次和人类心灵层次之间进行循环论证。

从现象学的角度，我们直接感知、定义物体，而非加工信息。

4. 德雷福斯对人类智能的哲学预设 [13]

从现象学的角度，他认为人类本身的认知行为不可形式化，故而不可被形式化的系统替代或从中衍生出来。

1）本体论

将世界划分为独立的逻辑元素是不可能的，元素只能存在于前后内容背景中，即人类在局势中进行活动。

2）认识论

事实、概念只是一种人为解释，其为人类的需要而服务。事实乃是由人类为其真实的活动而构造的。相关物（物体及其特征）与人的愿望/目的、关心者/

兴趣共存，不能被定义为与背景无关，它们是内置的，被我们以自己的愿望创造出来的。

人的意图不可形式化，原因是人的价值系统是不可知的、人的需要与目标是不确定的。

3）方法论

人对有些事物的认识，依照现象学的体验，是直接的、从整体上进行的。人类不仅依靠大脑，还要依赖身体进行智力活动，对局势做出整体的从结果到细节的感知和反应。人类将工具内化于身体，将语言也作为工具来使用。

人类的行为是有规章性的，但是无法形式化。

另外，形式化系统存有局限。其面对的主要问题有关联问题、规模问题和对新的情境的再认与应对问题。关联问题指的是认知主体需要能确定出背景中哪些因素与当前待解决的问题相关。但是，所有的因素相对全局均敏感，因此利用形式化系统无法真正分离出相关的因素。规模问题指的则是如何用形式化系统去描述具有无限规模和可能性的人类常识。对于新的情境的再认与应对问题，倘若利用增强学习机制，将难以奏效。因为其潜在的核心缺陷是无法真正地表述满意度以及无法产生对新情境的适应（即学习系统的泛化能力）。

### 5. 德雷福斯认为的人类智力行为所具有的特点[14]

人类对其理解的事物全面对等，并不使用回归的解释。

人类的活动指向其行动的背景。

智力行为必定要回溯至我们对自身为何物的感觉或感受上。

智力活动处于局势（situation）之中，不可与其他人类的生活分离，如感知-运动技能、需求与愿望、在文化背景中的解释自我。

### 6. 德雷福斯论证中的薄弱之处与自明之处

1）为何人类必须生活在局势中

其言及人类生活于局势中，且局势的不可形式化，并未说明为何人必须要以局势的角度来认识世界。其称机器不能获得像人类这样的局势观，认为这对形式化的机器而言是自明的。

2）为何现象学的依据更为可靠

德雷福斯虽肯定了现象学对西方传统形而上学的超越，但是，他没有证明，或认为无须证明所列出的现象学依据是合理的。我们甚至从其论述中不能直接得到这样的结论：现象学的方法对理解人类智力活动而言是必要的。

# A.2　分析哲学的方法

## A.2.1　赖尔

赖尔（Gilbert Lyle）在其《心的概念》[15]中指出心-身问题并不是一个哲学问题。其主要的论据是两者是不同范畴上的事物。心并非是一种物理过程，它只是身体表现出来的行为属性而已。

赖尔的论断可以进一步引申：由于心-身问题的不存在，要想获得如人类那样运用心灵的能力，唯一的途径便是去获得如人那样的身体。于是机器是否具有智能的问题便转变为机器是否能复制出人类那样的身体构造这个富含实践性意味的问题。

表面上，赖尔没有断言计算机不能具有思维与心灵的能力[16]。然而，由于否认了二元论的"心-身问题"的存在，那么我们依据这个釜底抽薪的论据可以推断：计算机不具有人的身体，故而不会具有人的表现出似乎具有心灵的行为能力。

### 1. 范畴混淆

赖尔借助许多概念实例试图表明我们在日常对词语或概念的使用上必须避免发生这些范畴混淆，如部分和整体、特性与体现多个特征的事物、群体的集体行为与个体的某一种特定行为、抽象的概念与具体实例。特别地，不能将这些不同的范畴，尤其是部分与整体进行混淆、相互替代。

### 2. 为何不存在心-身问题

依据上述看法，心理事物不能是机械事物的一个种类（即副机械论），也不存在独立的心灵以及心灵与身体的作用。这是因为，物理事物与心理事物指向两个不同的逻辑范畴。只有处在同一逻辑范畴的事物才能互相比较或同时提及（如构成"连接式命题"[17]）。

### 3. 赖尔论证中的薄弱之处

由于赖尔将所有的论证都归结为对语用的分析，尤其是对心理学词汇的使用的分析，那么，其论证难免会有些"基石不牢"。这是因为借助自然语言的表达结果其自身可能经常在逻辑上不连贯；此外，其他模态的表达（如听觉上的音乐、视觉上的艺术）没有被利用，这对于意识的表达结果是不完善的，难避"盲人摸象"之嫌。我们必须指出：自然语言并不是唯一的意识活动凭借的表达工具；其亦不是唯一的表达结果的体现形式。

## A.2.2　塞尔

1. 对强人工智能观点的反驳 [18]

塞尔（Searle）对其所称的"强人工智能"观点的反驳并没有使用专业的哲学术语，他试图只凭借朴素的直觉进行反驳。

强人工智能的观点主张："心与脑的关系就是程序与计算机硬件的关系"，"任何具有合适的输入与输出程序的物理系统，都与你我一样，在完全同等意义上，具有心灵"[19]。按照这种观点，倘若机器可以模拟人脑的活动，那么，这个机器就自然具有类似人类心灵的能力。极端地，倘若计算机程序可以做到如此，那么，计算机就可以具备人类的认知能力。

塞尔的主要论点如下所述。

1）四个前提

"脑产生心"。

"语法不足以满足语义"。

"计算机程序完全依它们的形式或语法的结构来定义"。

"心具有心理的内容，具体地说具有语义内容"。

2）四个结论

"任何计算机程序自身不足以使一个系统具有一个心灵。简言之，程序不是心灵，它们自身不足以构成心灵"。

"脑功能产生心的方式不能是一种单纯操作计算机程序的方式"。

"任何其他事物，如要产生心，应至少具有相当于脑产生心的那些能力"。

"对于任何我们可能制作的、具有相当于人的心理状态的人造物来说，单凭一个计算机程序的运算功能是不够的。这种人造物必须具有相当于人脑的功能"。

3）两个思想实验

塞尔给出下面的两个思想实验例子用来说明语义不可复制，故而，无论符号主义的符号处理计算机还是联结主义的多计算机系统，它们都无法理解语义。

其给出"中文屋"的所谓思想实验，即令一个完全不懂中文的操英语者在与外界隔绝的屋子里只依靠一本用英文写就的操作手册来阅读一个中文写就的故事并对之作出正确的回答。他用此来说明这个人所做的实际只是操作符号而非真的理解中文；与之同出一辙，计算机实质做的只是操纵符号，而不是去进行语义理解，因为语义不能由符号来定义。这个例子用于反驳计算认知主义者认为思考即是符号操作以及其物理符号假设所蕴含的"符号代表信息含义"的主张。

其后，塞尔又将中文屋的思想实验升级为"健身馆"思想实验，即多个不懂汉语的人一起依照各自的规则书来集体进行操作，去理解某一个中文故事。他用其说明多台不能理解语义的计算机其集体行为依旧不能理解语义。此用以反驳联结主义者认为多个无智力的个体的集体行为可以产生思考能力的主张。

2. 计算机不具备作为心灵标志的意向性能力

塞尔认为意向性是心灵活动的核心标志之一，如言语多具有意向性。他认为人类心灵与计算机/机器或形式化系统的区别恰在于：前者拥有和使用意向性，后者对之却无法触及。他的核心论点[20]如下所述。

（1）机器无法产生意向性。

（2）形式系统不会理解意向性。

（3）操作符号的系统不会产生"意向"，其只是操作符号而非理解符号。

其原因在于："语法不等同于语义"[21]，即符号的操作是语法的而非语义的，故而纯粹地操作符号的系统不会产生"意向性"。

语义代表着"诠释者的输出"，即诠释者对语言符号的理解结果[22]。

（4）程序是纯形式的，而意向状态却并非如此[23]。

意向状态是由其内容决定的而非其表述形式。

（5）去模拟脑不等于去复制脑。

塞尔对脑模拟者（建立模拟脑的活动的非生物学系统的研究主张者）的反对论据是"若所模仿的是相关神经生物学因果特性的形式化属性，则不能产生脑的因果特性，不能产生其产生意向性的能力"[24]。

更进一步地，对比模拟脑功能的计算机与作为生物器官的脑本身，塞尔指出：

脑产生了心智状态，而计算机自身并不编写程序；

脑进行信息处理，而计算机进行符号操作。

他断言，"诠释计算机的（输出）结果，使用符号去代表世界上的物体完全超出了计算机的（能力）范围"[25]。

（6）意向性是生物现象，而程序自己不足以产生它。

3. 从哲学观点看塞尔的反驳

1）本体论

塞尔的论点实际上是围绕其对心灵的自然功能的本体论假定出发的。他认为心灵是脑的功能，是一种生物学现象。计算机则不能等价为脑。

塞尔对心灵、意识的看法（如心灵具有意向性）来自于其对世界的本体论的一元论观念，其反对二元论。二元论主张心灵可以脱离脑，从而导致程序可以脱离于实现形式。这是导致强人工智能观点得以被许多人推崇的哲学缘由。他认为强人工智能的观点实质上是一种"残存的二元论",即认为"心是纯形式的"。塞尔关于心灵的意向性哲学观点来自于其对世界一元论的认识,他认为:意向性是生物现象,意识是脑的功能。

2）认识论

心灵是不能被形式化的,即它不是只有语法的,更重要的是具有语义。反过来,计算机只具有语法,它无法将语义形式化。

3）方法论

他认为并不存在一个像认知科学的认知主义所主张的脑的活动所依赖的"信息处理层次",即不能以信息处理的方法来看待脑的活动——大脑不作信息处理。这是他对认知科学中最流行的认知即计算、认知是信息处理的观点的不认可。他主张的合理途径是既要从心理学的角度来看待心灵,又要从现象学的角度来对待心灵,如心灵的意向性。

#### 4. 塞尔论证中的薄弱之处

1）语义是否可以由程序生成

塞尔指出,"人心不仅是语法的,它还有一个语义的方面"[26]、"计算机程序是完全以它们的形式的或语法的结构来定义的"[27]。他还先言及,"语法不足以产生语义"[28]。然而,他只是把该命题作为"概念真理",也没有进一步说明为何语义是不可以被程序产生的。

2）中文屋实际是空中楼阁

塞尔对诸如"手册、不懂中文的人作为整体实际上是理解中文的"这种观点的驳斥是不充分的。例如,他的反对者说:如果塞尔反对"认为理解可以以整体性方式进行"这种看法,那么,一个头脑若不是以整体工作的方式来理解汉语,人们就不禁要反问,"难道其单一的神经细胞理解汉语吗"？实际上,假定这个不懂中文的操英语者通过阅读手册完成了对汉语输入句子的合理输出,他实质上就理解了需要应对的汉语句子和对其作出的汉语回答,并且,确切地说,他通过手册或字典将汉语输入句子已经翻译为英语,之后又将自己的英语回答翻译成了汉语。

塞尔实际上忽略了这样一个需要首先明确的假定:英语和汉语的翻译是确定性的。如果这个假定成立,那么计算机当然可以进行完美无缺的自动翻译。此外,他还忽略了另外一个需要确证的假定:"手册"（即计算机程序）可以涵盖问题的范围,即可建设性地回答任何问题。这两个假定都是难以成立的,尤其是后者。所以,以挑剔的眼光看,塞尔的中文屋的例子一来并没有抓住语言理解的实质;二来这样一个回答中文的方法或系统建立在前述不现实的两个假定之上,其可行性尚未得到确证。例如,对于语言理解的实质,不妨认为是某一系统是否具有合理的举一反三的能力。我们可以给出一个汉字或汉语句子,它们在操作手册中并不存在。那么，操英语者如何应对呢？他/她也许要退出这个游戏，因为计算机面对未知所能做的就是无限地等待、无法停机——算法无法终止。

更为深刻地说，中文屋思想实验藉以的语言的自动翻译假设无法成立。甚至，人类都难以完全转译不同的语族关系相距较远的自然语言。本质上，有特质的语言是无法转译的。对一些典型的对话空间，机器翻译十分有效；但是，其翻译程序凭借的指令互译/转换规则集并不能在全部可能的甚至较大的或更具机智、风趣意味的对话空间范围内适用。这样的规则集能否被设计得出来是中文屋论据得以成立而后可被应用于论证过程之中的要点。当然，如果这样的规则集并不能存在，不懂中文的人和机器都不能理解中文。

语言中存在的多义性，使得语言间的互译极为困难[29]。实际上，没有类似的情境体验，不同的语言者之间，甚至是操同一语言者之间也难以真正理解对方的某些话语。

此外，我们还不能排除这种可能：人不会动用其联想、记忆等认知能力在这种利用字典/操作手册/规则集的过程中，观察输入、输出间的对应关系，利用母语会逐步学会一些中文。这也可以视为使用中文屋作为论据的另一欠妥之处。

3）集体智能何以不可存在

一个系统的每个单元不能具有智能并不能说系统整体上不能具有智能。故而，支持联结主义的人坚持系统整体上可以完成理解行为，尽管单个单元不行。但是，塞尔却仅将理解限定为每个个体，或某些个体。秉承语言分析哲学传统的塞尔在反驳"健身馆"具有集体智能的支持者的观点时犯了语言分析者最为小心翼翼地不去触犯的"范畴混淆"错误，即将个体和群体、成分与整体不作系统性的区分。

从认知活动涉及的社会性而言，即使许多个体并没有表现出对其任务的完整理解，甚至只是下意识地行事，集体层面的智力行为、意识状态却会有效地出现。似乎，对于"健身馆"例子，塞尔不想去考虑社会认知的因素。

4）大脑内部不做信息处理[30]

大脑至少可以接收他人的"信息"，生出给自己或他人去用的"信息"。原则上，只要对外界、自身身体的"信号"可以"离散的"方式进行选择、接收、感觉就是在"做信息处理"。难道我的意识的表达结果不是一种信息吗？

谨慎地，我们可以说大脑内部不仅仅在作信息处理。

5）语形不是物理的

包括计算不是由物理层定义的[31]，这里"语形"实际指的是自然语言符号形成的各种语言结构，或者语言的符号表达形式。

然而，我们无法否认：机器甲不能认为机器乙输出的指令不是有语形的；此外，这些语形揭示的联系不能被机器甲进而利用。

其实，更好的说明方式是从"语形不是物理的"这个命题的反面来进行的：为何物理机器不可能具有主观性、意向性和语义性等这些人类的心灵的特征？即为何物理机器产生不了语形？

或者，我们谨慎地问：何种类型的物理层不能建构出语义层、符号层等？

6）为何心灵一定要有意向性

塞尔强调了意向性对于心灵的不可或缺，然而，其论述没有先表明：为何必须使用"意向性"来解释动物的行为？或者说：何种行为必须诉诸于此类解释？

塞尔描述意向指的是某个体谈论时所指的世界中的物或状态；而当该个体处于某种情绪状态时则不存在意向[32]。

我们可以继续追问一个更为深刻的问题：意向性是认识论意义上的存在还是本体论意义上的存在？

## A.3　物理主义的立场

彭罗斯（Penrose）是个坚定的物理主义者，持这种立场的人还包括多伊奇（Deutsch）[33]、梅尔尼克（Melnyk）[34]等。我们在此仅评述彭罗斯的观点以及塞尔对彭罗斯的观点的评述[35]。

### 1. 彭罗斯对强人工智能的直接反驳

彭罗斯认为当今的强人工智能（即认为"意识和其他心智现象完全存在于计算过程当中"[36]）者的研究活动不可能使得计算机产生智力，尤其是作为智力活动体的标志性的"意识"行为。故而，他以"皇帝新脑"的称谓来戏谑强人工智能（以下简称为强 AI）者的想法。

其核心论据如下所述。

1）算法体现不了理解

强 AI 者主张：人脑的复杂功能可由算法来实现，即"所有精神品质，如思维、感情、智慧、理解、意识都仅仅被认为是这一复杂功能的不同侧面……仅仅是头脑执行的'算法'的特征"[37]。"对于被认为由算法所代表的'精神状态'，只有它的逻辑结构是有意义的，这与那个算法的特殊的物理体现无关"[38]。这一主张的背后实际是经典人工智能学派的"物理符号假设"，即"算法有某种离体的'存在'，这和它的按照物理的实现完全分离"[39]。

而彭罗斯则认为："不管一种算法多么复杂它都不能自身体现真正的理解。这和强 AI 的声称相矛盾"[40]；"不存在和一个人实行那个算法相关的离体的某种类型的'理解'，而且这种理解的存在并不以任何方法反射到他自身的意识上去"[41]。

2）符号系统是不完备的

支持彭罗斯的上述观点的缘由主要来自于哥德尔的不完备性定理。该定理表明在数论系统中存在不能判定的但数学家（即心智）可以判定为真的命题。

继而，彭罗斯将不完备性定理等效为计算机科学理论中的"停机问题"，即判定上述命题的算法依据哥德尔不完备性定理是无法得到的。这样此问题便"不可计算"。其遂表明心智不是完全可以计算的。

彭罗斯据此阐述：形式化的系统是无法思考的。其继而断定依据算法工作的数字计算机是不能思考的 [42]。

2. 彭罗斯的核心主张

1）心智过程是不可计算的

作为对强 AI 观点的反驳，彭罗斯言及"并非所有的数学能力是可以模拟的" [43]。其论据是哥德尔不完备性定理表明数学系统由于存在无法判定的命题故而一定是不完备的，而数学家却可以超越数学系统去理解这些无法判定的命题。这说明：存在不可计算的心智过程。故而，论及哥德尔不完备性定理的意义，彭罗斯指出，其表明"形式论断只是得到数学真理的部分手段" [44]。

对于弱 AI 观点（即认为"大脑过程引起意识，而这些过程可以在计算机上模拟。但是，计算模拟本身不能保障意识的存在" [45]），彭罗斯亦反对。他认为大脑不可能被计算机模拟，因为"并非所有物理过程都可以通过计算的方式来模拟，特别是那些涉及意识的物理过程不可能被模拟" [46]。此表明意识是不可计算的。

2）经典物理不足以描述智力这种复杂的、不可计算的行为

"经典力学不能解释我们思考的方式。如果没有一些根本性的改变，能使 $R$ 成为'实在'的过程，这就连量子力学也不能解释了" [47]。

3）心灵很可能是由量子机制来塑造的

这一大胆假设的依据是既然经典物理机制不足以描述心灵，则量子机制有可能解释心灵的神秘运作，尤其是意识现象。他认为，这类问题，即物理定律是否能支持将人的所有信息进行远距运作，对其的探究结果能起到为我们"提供表示量子力学在理解精神现象的某种根本作用的指针"的作用 [48]。他的论述逻辑是这样的，如果我们要复制大脑或某人的个性，假定如强人工智能者所坚持的那样——硬件与软件的分离且软件的更改不会影响硬件的运行，我们关注的不应是"人们想赋予他的物质成分的个性"而是"成分的形态"。因为"任何活人身体的物质都处于连续代换的状态中" [49]；此外，实际上"把人和他的房子区分开来的是把这些成分安置的模式，而不是这些成分本身的个性" [50]。但恰恰是量子机制使得上述假设无法成立，因为"按照量子力学，任意两颗电子必须是完全等同的……没有办法把两颗粒子区分开" [51]，这样，何言物质成分的个性呢？又何言这些成

分的形态呢？这是我对彭罗斯所言的"第二个理由来自于量子物理……严格地讲，它和第一个理由相冲突"[52]的解释。这里，第一个理由指的是"任何活人身体的物质都处于连续代换的状态中"；这两个理由则用于说明是什么赋予了"个别人其单独的认同性"[53]，即个性。

4）数学证明是一种洞察而非算法

基于哥德尔的不完备性定理，彭罗斯引申道，"数学真理的概念不能包容于任何形式主义的框架之中"，"真正的数学真理超越于人为的构造之外"[54]。

基于卢卡斯（Lucas）的论断"头脑的作用不能完全是算法的"[55]，彭罗斯认为正是意识使人可以洞察数学之真。他指出，见所言"意识是我们赖以理解数学真理的关键因素。我们必须'看见'数学论证的真理性，它的有效性才能使人信服。这种'看见'正是意识的精髓"[56]。又如，"人们可以从一些公理推论出各式各样的数学命题。后者的步骤完全是算法的；但是需要一位有意识的数学家去判断这些公理是否合适"[57]；"……程序的有效性和概念本身最终要归功于（至少）一个人类的意识"[58]。

5）意识

彭罗斯将人类的智力行为划分为两个过程：无意识行为与意识行为。对于它们之间的关系，他认为：无意识行为可以算法方式描述；而意识行为则是非算法的——"无意识行为是按照算法过程进展，而意识行为则完全不同"[59]，其涉及洞察，甚至是美学价值。

对于两者的分工，他认为：无意识多用于提出解决方案的过程；而意识则在选择/淘汰这些解决方案的过程中起作用。"'提出'过程大多是无意识的，而'淘汰'过程大多是有意识的"[60]。

对于意识行为的作用，他认为：意识具有主动性；意识的淘汰过程是创造力的核心；意识是形成新的判断和习惯必需的。例如，其分别谈到："意识具有某种主动效应"[61]；"……是意识的淘汰过程（也就是判断）而不是无意识的提出过程作为创造力的问题中心……"[62]；"当我们必须形成新的判断以及当预先还没有形成习惯时，意识是必需的"[63]。

对于意识能力的形成，他则归于自然选择，并且认为"生物的意识经过自然选择而来……"[64]；"我们的意识也许某方面的确有赖我们的遗传和几十亿年下来的实际演化……演化明显具有'探求'未来的目的，所以它仍有神秘之处……"[65]；"物理定律作用的方式似乎有某种因素使得自然选择的过程比单凭任意定律的过程更有效得多"[66]。

对于自我意识，他认同"当它本身具有它自己的模型时才能'自我知觉'"[67]。

对于意识行为的局限，彭罗斯敏锐地指出"构成意识印象的原因是意识无法直接触及的"[68]。

6）出路

由于意识是智力活动的核心，彭罗斯认为诉诸于量子引力论的对意识之谜的解释是符合他对意识是非算法的结论的。这一解释需要满足意识的这些特征：非算法性、无时间性 [69]、可以物理实在的方式描述量子物理的坍缩（测量）过程。

### 3. 彭罗斯的哲学立场

1）坚持物理主义、强烈的还原主义倾向

在方法论上，彭罗斯没有脱离还原主义的传统和物理主义的立场，其坚信"精神服从物理"。

他坚持世界是由其物理实在决定的观点，认为：现在无法解释，不等于不能用物理规律来解释，只是目前应用的物理方法如经典系统犯了错误，可以应用量子或其他尚待发现的物理规律来解释。故而，联系到意识的非算法性，他将意识视为物理过程，他依旧坚持："有些更加微妙的、实在的（非算法的！）规则实际在制约这个世界的运行！" [70]

2）笃信柏拉图的理想世界观点

在本体论上，彭罗斯认为有理想世界（柏拉图的数学形式世界）、物理世界和人的有意识地感知到的世界（the world of our conscious perception）的存在 [71]。

他赞同柏拉图理性世界的存在，而智力就是我们用来偶尔获得与这个世界得以接触的工具。例如，他指出："我们不是通过物理的方法，而是通过智慧来和这个世界接触" [72]；"数学真理的这种主观性和时间依赖性是不可理喻的"；更有甚者，"柏拉图世界本身是没有时间的" [73]。

### 4. 彭罗斯论证中的薄弱之处

1）宏观上如何可以有"量子效应"

彭罗斯首先猜测到：神经系统的活动会伴随量子效应 [74]；之后，他更为大胆地提出了出现量子效应的神经关联物——神经微管（microtube of neuron）[75]。然而，在原子层次上我们无法观测到典型的量子效应，如测不准现象，更不用说更高的生化大分子层次了 [76]。

2）心灵的量子机制存有先天不足

彭罗斯断定心灵是不可计算的，其又言及"根据德义奇（即多伊奇）的分析，量子计算机不能进行非算法的运算（也就是超越图灵机功能的事）" [77]。实际上，量子计算机并不能解决经典计算机不能解决的不可计算性问题，虽然对于经典计算机可以解决的问题其解决速度可以提高。这造成了彭罗斯的主张和现实的冲突：心灵是不可计算的，量子计算机也不能应对不可计算问题。

作为一个解决方案，彭罗斯提出量子机制有望用于探索意识行为，尤其是量子机制中的测量（状态坍缩）过程可能是人的意识对物理实在的作用环节。而这一主张又与他的断言"意识对于态矢量缩减不是必要的"[78] 相矛盾。

当然，彭罗斯并不是没有隐约看到量子机制对心灵解释能力的无助，故而，他认为要超越量子力学，如改变量子系统的坍缩解释使其成为"实在"[79]。

3）量子机制的不确定性不容回避

按照普通的理解，量子机制，尤其使其测量过程导致的状态坍缩是不确定的。那么，量子机制的不确定性很有可能成为一个极好的理由用来提供对不可计算的心灵的解释。

但是，彭罗斯却认为需要去寻找"决定性但非计算性的理论"[80] 来应用量子机制。这起源于其所谓的"强宿命论"的信念[81]。

4）不存在非算法的算法

彭罗斯认为可以获得对非算法的物理过程的数学描述，这没有原则性的错误。然而，他的略显轻率的表述"存在非算法的算法"[82] 却容易被人误解。因为，算法就意味着其对应的数学描述系统一定是建立在基本数论公理上的数学结构。所以，这些数学系统无论多复杂都一定是不完备的。

5）为何无意识行为是基于算法的

对于无意识行为和意识行为，彭罗斯给出了较好的分工：前者负责提出行动方案，后者则用于进行选择。然而，对于其实现形式，他认为"头脑的无意识行为是按照算法过程进展的，而意识的行为则完全不同，它以一种不能被任何算法所描述的方式进展"[83]。这种区分无法解释：我们的创造性因何而来？因为依照算法运行的无意识行为所提出的方案永远不会有新奇之处，也永远不会导致概念体系的变革，除非算法本身就是不确定的。这跟算法的定义发生了冲突。

5. 塞尔对彭罗斯的反驳的薄弱之处[84]

1）进行数学推理的神经活动可以计算性模拟吗

彭罗斯的观点是数学推理无法以完全计算的手段进行模拟。

塞尔则认为借助对神经元系统的数学建模便可以完成对数学推理能力的计算性的模拟。其潜在理由是数学推理活动必对应于脑的神经系统的活动；推理不能被以计算的手段模拟并不能说明其潜在的神经系统的活动不能被计算的手段模拟[85]。

这里塞尔忽视了使用数学工具进行"计算性模拟"本身就是使用了数论系统/算术系统的工具，即算法。故而，不存在别的什么另一类型的算法可能会模拟出全部推理对应的神经活动来，因为这些对应的神经活动按塞尔的"同一过程"的理解就是在进行推理。除非，这一数学工具不使用算术系统；或者，神经活动并没有进行推理。

此外，现有的研究结论，尤其是神经计算学的工作，无法表明神经元层次的活动完全可以用算法或现有的数学工具来进行"计算性的模拟"。

塞尔的反驳理由还带来另一个我们在书中（第 2 章）提到的更为深刻的一系列关联的问题：世界在本体上是否是可以还原的？不同的概念体系可以互为诠释，甚至代替吗？倘以层次论来建立我们对世界的知识，即将我们的世界分为若干个层次，那么，各个层次间是否实质上是无法沟通的？特别地，相继层次的关系，如低层对高层的衍生或根植、高层对低层的控制或调制，能否给出形式化的描述？

2）大脑可以被无意识的计算机模拟吗

彭罗斯没有解释"为什么一个无意识的存在物不能提出他的所有论证"[86]。

塞尔则认为："机器人的计算机大脑的非意识运作"[87]却可以胜任。

塞尔责怪彭罗斯没有作出上述解释，但他亦没有解释他的大脑运行的计算机模拟的主张为何可行，尽管塞尔敏锐地看到："这种计算机模型实际上不能解释任何事情，因为这些算法在大脑行为中没有发挥任何因果作用……"[88]。

3）可计算的实体如何产生不可计算的行为

塞尔认为彭罗斯的推理思路存在一个错误：即使假设彭罗斯所说的"不存在在其上意识可以被模拟的描述层次"（即不存在这样的描述层次，在该描述层次上意识现象可以被模拟）这个观点正确，那么，依然会存在"从意识不能由计算机模拟，不能推出引起意识的实体不能由计算机来模拟"[89]这个问题。他坚持"'意识可以计算吗？'这个问题只有相对于意识的某种特征或者功能，并且只在某个特殊的描述层次上才是有意义的"[90]，对于产生意识的实体则是不适用的。这里，塞尔的推理似乎并无错误。然而，一个引起意识的实体可以被计算机模拟但意识行为却不可以被计算机模拟，着实让人费解[91]。

4）塞尔的上述反驳的哲学假定

塞尔实际上坚持了一种还原论的信念，即虽然高层次的行为，如人的意识，是不可计算的，但其可以被可计算的低层次手段，如脑的运行来实现。

6. 彭罗斯的哲学立场的起源分析

1）意识表达的幻觉：理想世界是什么意义上的存在

我们在前面内容（3.5 节）表明了意识状态的出现往往伴随某种表达结果，并且我们无法单纯凭借意识去探究这些表达是如何出现的。正因为表达所具有的顿悟特点（即无法借助意识知晓表达产生之前的心智历程），我们会产生对意识到的内容的一种神秘感。这种神秘感会把一些人引向对另一种虚幻之物的信仰。这类虚幻之物的典型代表便是柏拉图的所谓理想世界。

实际上，倘若我们正确地看待意识状态的突现，并且不摒弃意识表达结果出现之前的无意识行为（包括脑的无意识思维活动、身体的下意识动作）的意义，我们就可以意识到：所有的理论都只是思维的产物，其本身就是一种虚幻；借助实践我们方能知道理论的可用程度，借助逻辑我们可以判断是否能够作为理论；而我们的理论所描述的世界，仅是通过审慎思维来确立的幻景。

从方法论的角度，我们只能以自身的智慧产物，如概念体系、逻辑工具、测量行为以及由之产生的科学与技术、情感和美学的体验来描述世界。这种描述的实践行为难免会造成以果论因的"幻觉"——不是创建理论去揭示世界的动因，而是裁剪世界去符合理论的身材。更不用说，人类的智慧又产生了多少不切实际的产物！此即对世界的理解在"认识论"上的暂时成功使我们对世界本体的认识产生了错觉。谨慎地说，世界可能只在一些侧面能用某些智慧产物来描述。

塞尔亦有此同感。他认为：数字世界连同语词只是"用来表征以及处理唯一存在的世界的系统的一个组成部分"，"数学运算是客观的，于是使我们产生了一种幻觉，以为它们提供了进入另一个世界，即数的世界的通道"[92]。

2）认识论的局限：为什么对世界的认识一定要是可以还原的

物理主义者认定世界必定是可以还原的。在给出这样的断定的时候，他们忘却了自身的认识论的局限。这是因为，我们总是在使用一个概念体系来描述世界的某一类存在。我们还对世界进行了层次性的划分（如原子层次、化学层次、细胞层次、心理层次、社会层次），而不同的层次对应了不同的概念体系。概念系统本身具有封闭性，故而不同的概念体系彼此之间是不可完全转释的。我们可以把这种性质称为概念体系间的不相容性。这种不相容性导致跨越不同层次时，人们无法解释低层概念如何生成高层的概念，而高层概念又是如何影响低层概念间的关系的。上述认识论的先天缺陷遂导致了还原论的信条终归于谬论。

除非我们不再使用多个概念体系去描述世界，否则对世界的描述一定是不可还原的。即使对世界的描述只有一个所谓的统一的概念系统，如果我们的推断足够细致以至于可以留意到这些事实：概念体系中的概念之间不可通约或替代；概念只指向业已发生的事实，而非未来；有意义的概念也不会包括自己，即自指；逻辑的推理遵循前因后果，受制于时间；那么，一个不再发展的概念体系自然不能穷尽世界，何况世界还处于变化和发展之中，人的存在正塑造着世界。

此外，从实际的认知产生角度，我们目前使用的逻辑不支持自指[93]，不支持指向未来。罗素悖论的产生遂使罗素将自指性命题排除在有意义的命题之外。这是由逻辑推理隐含的前因后果原则必须遵循概念产生的时间先后顺序这一前提所决定的。

## A.4　理性主义的立场

哥德尔并没有明确地反对过计算机可以具有智力的观点。然而，他的不完备性定理却使得试图依靠数理逻辑建立全部推理证明的热望转瞬间灰飞烟灭。

卢卡斯（Lucas）对哥德尔不完备性定理的哲学解释则表明心灵是无法被机械化的。这自然可以视为反对计算机能够具有智力或者机器能够拥有心灵的观点。下面，我们对其代表性的文章[94]做出评述。

1. 哥德尔命题的合理性

卢卡斯对于哥德尔命题所举的例子为："本公式在此系统中不可证明"。其据此继而说明此命题会导致悖论。然而，使用罗素与怀海德的层次化命题集合构造方法可以避免这种无意义的命题。所以，卢卡斯的例子并不恰当。因为，这会导致人们对本命题表示的意义的真实性与本命题的语法合理性两者发生混淆。导致混淆的起因就是这种命题是自指性的。

继而，我们可以讨论：哥德尔命题是否能限定为某一类？若是如此，不完备性定理只是表明对于某类命题，形式系统是不完备的。实质上，哥德尔只是表明了可以构造出有意义的命题其对于任意等价为数论的形式系统来说是不可决定其对与错的。而有意义的命题集合自然需排除上述的自指性命题。

2. 控制论机器的不完备性

1）确定性机器

作者认为"此种机器不能自己操作自己"，表现为其运行的模式是确定的。实质上，我们可以说：此种机器的运行规则不可改变，只要其初始状态及后续运行中的输入决定了，那么其后续的状态就是唯一确定的。这里，确定性的意义包含概率意义下的有限离散集合的确定性。

2）包含确定性的随机选择范围的机器

作者认为只要其随机的状态转换方式有一个固定范围，那么这个机器运行的可能性就是有限的。就其每种可能性而言，都是不完备的，故而，其是不完备的。

在本书中，作者认为机器是有限的：其成分是有限的，其可供选择的随机状态亦是有限的。故而机器的操作方式是有限的，虽然它的运行时间可以无限。作者将机器事实上的运行过程记录下来，按其情境与状态的相应变化作为相应规则。之后，认为可以构造出一个等价的形式系统来表示该机器的全部运行模式。然而，这种说法只在概率分布确定的前提下成立。倘若概率分布在不断变化，关于其变化的规律事实上是不能得到的。

3. 对反对意见的回应

（1）为何机器可以描述心灵的任何片断，却不能描述其所有的片断。

作者使用一个总存在比其大的数，而不存在一个最大的数来说明其反对的理由。实质上是无论机器多么复杂，它总会对哥德尔命题不可判定，并且哥德尔命题是基于此机器来构造的。我们必须假定哥德尔命题囊括机器的所有公理。

（2）既然哥德尔命题的构造过程是一个标准过程，那么为何不可以将其包含在机器的规则之内，使其不断运行获得无限的哥德尔命题，这样来获得完备性。

作者认为这个机器的运行次数是有限的，故而还是存在新的哥德尔命题但其目前尚不可判定。可是，这个机器在后续运行中是可能判定出该命题的。然而，它还会有新的命题不可判断。这个事实给我们的启示是包含哥德尔命题产生过程，或称为哥德尔算子的系统其能力是不断增进的。更为重要的是，其可以不断产生新的相容的命题作为公理。当然，我们还需分析：这种哥德尔命题原则上存有何种意义上的限制？它对原来系统的能力做出了何种扩张？可以认为这种机器虽然是不完备的，但其公理系统却会增长。

（3）图灵（Turing）的一个意见：为何机器的进步不会导致机器的能力不能超过我们（如机器的设计者）的心灵能力。

作者认为依然对任意发生了进步的机器可以构造其不能判决的哥德尔命题，而心灵总能对之做出判定。

（4）发明一个不用演绎的模仿心灵的机器不就可以代替心灵了吗？

反对者提出的做法是预先将一些不可判定的命题给予机器，其只有在此后运行中利用其推导出矛盾后方被抛弃。作者的反击是这些命题说明是不能穷尽的；可能将一个哥德尔命题及其否命题共同加入机器中导致矛盾；若机器先将哥德尔命题的否命题加入，系统尽管不会出现不一致的现象，却会变成后续无法工作的系统，因为心灵知道哥德尔命题是对的。

作者进而认为：一个随机（random）的机器操作是没有意义的，因为它不属于智力性的行为。另外，确定性的机器无论如何都会面临哥德尔命题，这样的命题是不可判定的。

（5）哥德尔第二不完备性定理表明一个形式系统是无法证明其是相容的。

由之带来的问题是对一个自身相容性尚未得到确认的机器能否使用该定理呢？既然如此，为何不能认为心灵就是不相容的机器呢？

作者只是谈了如何将一个不相容的系统通过抛弃或停止某一导致冲突的命题来做到相容实质上是行不通的。

（6）图灵的另外一个意见：为何机器的复杂度的不断增加不会导致其突然具有心灵。

作者没有将仅仅依靠犯错或者具有纯粹的随机操作的机器列入考虑对象，因为这不符合机械机器（mechanical machine）的定义。对于这个定义，我们可以用自动机的概念将其表示为机械机器包括决定性的有限状态自动机以及在对确定的数目中的确定操作方式进行选择的随机自动机。而这种随机自动机就是非决定的有限状态自动机，本质上，它可以等价为一个决定性的有限状态自动机。我们让这个决定性的有限状态自动机运行足够多的次数，其结果便可以反映出随机性，但其每次运行却是确定的。至于使用哪个结果则不是该机器所能考虑的事情。当然，如果概率分布确定，可以使用其概率最大的运行结果。这需要为原来的机器添加一个选择结构的部分来获得此种能力上的扩展。这样，我们就获得了概率意义上的确定性。需要说明，这里的前提是可能的状态数目是有限的，范围是确定的，而概率是有限长度的小数。这个前提蕴含了该系统本质上是个建立在整数算术基础上的形式系统。

## 4. 心灵如何做到自己的相容

作者认为原则上可以通过非形式化的方法，因为哥德尔不完备性定理同样表明了我们不应去追求形式系统的相容性：由一个系统不能判定自身的相容性可以得到不存在判定相容性的形式化方法的结论。当然，我们不能否认作者事实上对此持有的这一信念，即不可以通过非形式化的方法让人们的心灵做到相容。我们至少可以不断提高自己的相容性，因为我们总可以发现自己存在的不相容之处而后将其排除。作者认为机器不能这样做的原因是机器不能尽知自己的性能与能力。然而，这种说法并没有排除机器不可以用非形式化的方式来描述的可能。另外，也没有指明：一个不相容的形式化系统不能尽知自己的性能与能力。我的看法是我们没有办法给一个机械化的机器的运行方式来做出非形式化的描述；一个不相容的形式化系统首先存在的问题是它不知道哪些公理之间不相容，尽管其可以通过推理发现不相容的情况，但它无法知道它用了哪些公理来进行推理。

## 5. 机器不具有自我意识

作者认为，据哥德尔的相关定理可以知道机器不能具有自我意识，因为它不能自己评判自己的能力。特别地，它对于具有自我参考（self-referring）性质的哥德尔命题是无法判定的，而人却可以。作者又认为这是由于意识具有的整体性结构和机器的不同导致的：意识是这样的一个事物，它可以认识到自己的能力却不需要添加什么额外的部分；而机器则只能通过添加一个部分认识其原来的部分的能力，然而对这个添加的部分的能力却不能进行认识。形象地说，具有意识的个体没有阿喀琉斯（Achilus）的脚踵，而机器却做不到能抓起自己的脚踵将自己举起来。

我认为作者的这个论断本质上说明意识是不可以等价为机器的，不可以形式化的。其基本的主张就是具有自举性（或自指性）特点的意识是不可以被形式化描述的。但是，存在这种意识的现象只能说明：自我业已具备某种能力，其能够导致自我的当下状态可被不断超越。

6. 哥德尔定理的哲学意义

作者认为该定理解决了康德的痛苦：若我们有自由意志与道德，那么为何还要有科学。我们不会因为需要道德而否定知识，也不会因为科学而否定自由。作者似乎不欲彰明此种态度：不存在可能具有心灵能力的机械模型。他只是说对这些模型及其机械主义者的解释都会存有进一步需要诉说的事情。这表明作者的立场为不存在关于科学的武断的界线；然而，科学探究不会耗尽人类心灵其无限的多变能力。

7. 需要进一步讨论的问题

1）哥德尔命题是否只是一种性质的命题

从该命题的原初表述上来看，只是自指性命题。严格地，是跨越了概念范畴的自指。这是因为哥德尔命题具有的自指形式（$G$）实质上是将一个命题在形式系统中的序号（称为哥德尔数）和这个命题本身这两个概念发生了"穿越"。

然而，是否所有的自指性命题都是不完备的尚需明确。

2）哥德尔不完备性定理揭示了机器的何种局限

直接的局限就是机器不能处理这类自指性命题。大胆地推广一下，使用数论系统的机器（即建立在算术运算之上的系统）将不能处理所有的自指性命题。这就包括"无法拥有改变自己规则的规则"。

3）具有哥德尔命题产生能力的系统其能力可以增进至何种程度

人类可以视为具有这种能力的系统，其拥有的一个突出能力就是经常会认识到自己对某事的无能，继而，去有目的地创造新的概念、方法和工具。显然，具有哥德尔命题产生能力只是这些能力的冰山一角。在没有其他能力的帮助下，如注意到概念范畴的变迁、推理在不同概念框架中的"穿越"，单纯地可以构造出自指性命题的系统将不会产生实质性的能力增进。然而，一旦具有了创造出新的概念系统的能力，那么，这类系统就可以解决业已产生的自指性命题，即通过改变原来的概念体系，去消解之，从而解决之。另外，我们目前还对人类具有的其他创造性的能力知之甚少，故而，难以预测人类的认知极限和对未来的创造前景。

# 注　　释

1. 读者也可以阅读文献（布莱顿等，2009）来获得对 Deryfus、Searle、Penrose 的核心反驳观点的简要说明（分别是第 138 页，第 49～56 页、第 118 页，第 58～61 页）；同时还可以对支持人工智能的各种基本主张进行比较，如人工智能发展早期的计算认知主义、功能主义（第 33～42 页）、之后出现的联结主义（第 98、117 页）、方兴未艾的具身人工智能（代表性的主张为"行为机器人"）或该书的"新人工智能"（第 126 页，第 140～142 页）、人工进化主义（以进化机器人的研究为代表，第 164～167 页）。

2. "德雷福斯等，造就心灵还是建立大脑模型：人工智能的分歧点"，见文献（博登，2006）的第 13 章，第 342 页。

3. 同上，第 352 页。

4. 同上，第 348 页。

5. 同上，第 352 页。

6. 同上，第 358 页。

7. 同上，第 358 页。

8. 同上，第 358～359 页。

9. 见文献（德雷福斯，1986）、（Dreyfus，1992）中的第二部分。

10. 这里，我将作者的生物学假想和心理学假想纳入方法论的名词之下，其缘由在于：对 AI 的研究者而言，他们可以借以生物学、心理学的模型来构造可以思考的机器。

11. 见文献（德雷福斯，1986）、（Dreyfus，1992）中的第二部分。

12. 严格地，这是维特根斯坦的说法，见文献（德雷福斯，1986）第 211 页。

13. 所列出的基本论据或说法见文献（德雷福斯，1986）、（Dreyfus，1992）中的第三部分。然而，作者并没有用本体论、方法论、认识论的标题来说明自己对人类智能的观点。这些标题是我加上的，用以和其对 AI 主张的分析进行比照。

14. 见文献（德雷福斯，1986）、（Dreyfus，1992）中的修订版序言。

15. 见文献（赖尔，1988）中第一章和中译本序的第二部分。

16. 在其著作《心的概念》1949 年出版之时，虽有图灵测试问题的提出与讨论，但计算机的应用、AI 的研究只是初露头角。

17. 见文献（赖尔，1988）第 16 页。

18. 见文献（塞尔，2006）的第 2 章。

19. 见文献（塞尔，2006）第 20 页。

20. 见文献（Searle，1980）或（博登，2006）的第 3 章"心灵、大脑与程序"（中文译本）。我在本部分参考的版本是（Clark et al.，1998）第 64～88 页收录的论文 *Minds，brains，and programs*。需要说明的是，在下面的注释 21 到 25，我使用该收录论文原来的页码（在页上部中间位置）以便读者针对原文进行对照。

21. 见文献（Clark et al.，1998）第 64～88 页所收录文原第 300 页。

22. 见文献（Clark et al.，1998）第 64～88 页所收录文原第 300～301 页。我

将其言及的"who interpret the output"翻译成"诠释者的输出"。其原文断言"这些计算机装作想具备的意向性仅存在于编写程序、使用程序、向程序发出输入、诠释程序输出的人的心灵之中"。

23. 见文献（Clark et al.，1998）第 64～88 页所收录文原第 301 页。

24. 见文献（Clark et al.，1998）第 64～88 页所收录文原第 295 页。

25. 见文献（Clark et al.，1998）第 64～88 页所收录文原第 303 页。

26. 见文献（塞尔，2006）的第 2 章（计算机能思维吗？），第 23 页。

27. 见文献（塞尔，2006）第 30 页。

28. 同上。

29. 例如，你很难将这些句子翻译成英文：你这是干了件什么样的好事情？你真是干了件大好事！汉语和英语并没有处处遵循同样的逻辑来借以语法的表象来体现潜在的语义。

30. 见文献（塞尔，2005）第 185 页"大脑不做信息处理"，第 188 页"大脑就其内在操作而言，不做信息处理"。为对其的看法了解得更为完整，读者可阅读这些引文所在的该书的第 9 章。

31. 见文献（塞尔，2005）第 176 页"语形不是内在于物理学的"，"某物是作为计算机过程而起作用……需要由某个行动者指定计算解释"。

32. 见文献（Clark et al.，1998）第 64～88 页所收录文原第 288 页之注 3。

33. 见文献（多伊奇，2008），尤其是所宣称的通用图灵机的万能性和无须假设外部环境的存在便可以解释内部事物的自给自足性（第 6 章，第 139 页）。

34. 见文献（Melnyk，2003）的第 1 章（第 8～11 页）。

35. 由于彭罗斯在描述其观点时旁征博引，将计算机科学中的算法可计算性、数理逻辑中的不完备性以及近现代物理学的发展悉数列出以求读者可以追随其思想历程，在此简要评述中，我们适当超出其对计算机能否思考的论证范围，以求洞悉彭罗斯主张的潜在缘由。

36. 见文献（塞尔，2009）第 40 页中对强 AI 观点的表述。

37. 见文献（彭罗斯，2007）第 21 页。

38. 见文献（彭罗斯，2007）第 25 页。

39. 见文献（彭罗斯，2007）第 26 页。

40. 见文献（彭罗斯，2007）第 25 页。

41. 见文献（彭罗斯，2007）第 25 页。

42. 我们不妨将其完善为"形式化的确定性的系统是无法思考的、依据确定性的算法工作的数字计算机是不能思考的"，以使其表述更为严密。

43. 见文献（塞尔，2009）第 40 页。这实际是塞尔对彭罗斯的观点表述。塞尔对彭罗斯的观点引述或总结材料主要来自（Penrose，1994），其对彭罗斯的论证过程的分析材料来自（Penrose，1996）。

44. 见文献（彭罗斯，2007）第 165 页。

45. 见文献（塞尔，2009）第 40 页中对弱 AI 观点的表述。

46. 见文献（塞尔，2009）第 39 页。

47. 见文献（彭罗斯，2007）第 541 页。

48. 见文献（彭罗斯，2007）第 35 页。

49. 见文献（彭罗斯，2007）第 30 页。

50. 见文献（彭罗斯，2007）第 31 页。

51. 同上。

52. 同上。

53. 同上

54. 见文献（彭罗斯，2007）第 151 页。

55. 见文献（彭罗斯，2007）第 558 页。

56. 见文献（彭罗斯，2007）第 560 页。

57. 见文献（彭罗斯，2007）第 554 页。

58. 见文献（彭罗斯，2007）第 555 页。

59. 见文献（彭罗斯，2007）第 550 页。

60. 见文献（彭罗斯，2007）第 566 页。

61. 见文献（彭罗斯，2007）第 550 页。

62. 见文献（彭罗斯，2007）第 566 页。

63. 见文献（彭罗斯，2007）第 550 页。

64. 见文献（彭罗斯，2007）第 548 页。

65. 见文献（彭罗斯，2007）第 557 页。

66. 见文献（彭罗斯，2007）第 558 页。

67. 见文献（彭罗斯，2007）第 550 页。

68. 同上。我们可以讨论究竟意识行为能否探究构成意识印象的"无意识过程"，或者可以探究至何种程度。

69. 关于意识的无时间性，在指出了意识（实际上神经系统的反应）具有的时间延迟的事实之后，彭罗斯谈到，"我们'表面'感觉到的时序是我们强加在感觉上的，以便理解我们的感觉和外在物理实在的均匀前进的时间之间相关联（即这样可使得我们能够理解到我们的感觉与外在的物理实在在单向的、按部就班消逝的时间层面上是存有联系的）"，见（彭罗斯，2007）第 596 页。

70. 见文献（彭罗斯，2007）第 581 页。

71. 见文献（Penrose，1994）第 412 页

72. 见文献（彭罗斯，2007）第 156 页。

73. 见文献（彭罗斯，2007）第 598 页。

74. "这种非局部效应会隐含涉及我提议过的树突柱成长和收缩的'准晶体'相似性"，见文献（彭罗斯，2007）第 599 页。这里"非局部效应"指的是"对其中一个粒子进行观察就会以非局部的方式影响另一个粒子"，见（彭罗斯，2007）第 599 页，即典型的量子效应。

75. 读者可以阅读（Penrose，1994）的第 7 章，特别是 7.4 节～7.6 节。

76. 我们不能将所有的非局部效应，如夫妻间一个人对另一个的影响，也不能把所有耦合在一起的现象，如某些人在亲人间具有的心理感应，都说成是量子效应。

77. 见文献（彭罗斯，2007）第 539 页。

78. 见文献（彭罗斯，2007）第 537 页。

79. 他这样谈到："经典力学不能解释我们思考的方式。如果没有一些根本改变使 $R$ 成为'实在'过程，连量子力学也不能解释"（彭罗斯，2007）第 541 页。

80. 他提到："我以为 CQR 是决定性但非计算性的理论很可以说得通"，见文献（彭罗斯，2007）第 579 页。

81. 即"不仅未来的事由过去所决定……宇宙在所有时刻的全部历史都是固定的"，见文献（彭罗斯，2007）第 580 页。

82. 见文献（彭罗斯，2007）。

83. 见文献（彭罗斯，2007）第 552 页。

84. 对此点的讨论基于文献（塞尔，2009）的第 4 章进行。

85. "彭罗斯的论证表明，在数学推理层次上不可能存在计算性的模拟。不错，但由此并不能推出，不可能对大脑过程层次的同一事件序列进行计算机模拟"，见文献（塞尔，2009）第 48 页。"彭罗斯论证中的错误可以很简单地陈述出来：由不能为一种描述下的过程提供某种计算性模拟这个事实，不能推出不能为另一种描述下的同一过程提供另一类型的计算性模拟（即我们根据'不能为一种描述下的过程提供某种计算模拟'这个事实，不应做出这样的推断，说'我们不能对另一种描述下的同样的这个过程去做出一种有别的计算性的模拟来'）"，见文献（塞尔，2009）第 46 页。

86. 见文献（塞尔，2009）第 51 页。

87. 同上。

88. 见文献（塞尔，2009）第 53 页。

89. 见文献（塞尔，2009）第 56 页。

90. 见文献（塞尔，2009）第 57 页。

91. 塞尔在文中所举的车牌号和车辆识别号不具有可计算性的函数关系的例子实际上表明塞尔误解了函数的定义。由于车辆识别号是唯一的，可以由生产厂的计算机自动产生，车牌号按照先来先到的原则确定，那么，一旦车辆上牌，它们之间的关系就是确定的。这个关系可以由车辆上牌的时间来决定！

92. 见文献（塞尔，2009）第 59 页。

93. 如文献（彭罗斯，2007）第 136 页中，以图书馆的目录书对自己进行索引为例说明发生了概念自指的罗素悖论。实际上，图书馆的目录书只能指向其出版之前的书籍，不能指向自己，即自索引。

94. 参见文献（Lucas，1961）。

# 参 考 文 献

博登 M A. 2006. 人工智能哲学. 刘西瑞，王汉琦，译. 上海：上海世纪出版集团.

布莱顿 H，塞林娜 H. 2009. 视读人工智能. 张锦译，田德蓓，译. 合肥：安徽文艺出版社.

德雷福斯 H L. 1986. 计算机不能做什么：人工智能的极限. 宁春岩，译. 上海：三联书店.

多伊奇 D. 2008. 真实世界的脉络. 黄雄，译. 桂林：广西师范大学出版社.

赖尔 G. 1988. 心的概念. 刘建荣，译. 上海：上海译文出版社.

彭罗斯 R. 2007. 皇帝新脑. 许贤明，吴忠超，译. 长沙：湖南科技出版社.

塞尔 J R. 2006. 心、脑与科学. 杨音莱，译. 上海：上海译文出版社.

塞尔 J R. 2005. 心灵的再发现. 王巍，译. 北京：中国人民大学出版社.

塞尔 J R. 2009. 意识的奥妙. 刘叶涛，译. 南京：南京大学出版社.

Boden M A. 1990. The Philosophy of Artificial Intelligence. Oxford：Oxford University Press.

Clark A，Toribio J. 1998. Machine Intelligence：Perspectives on the Computational Model（Artificial Intelligence and Cognitive Science）. New York：Garland Publishing.

Dreyfus H L. 1992. What Still Computer Cannot Do？. Cambridge：The MIT Press.

Lucas J R. 1961. Minds，machines and Gödel. Philosophy，XXXVI：112-127.

Melnyk A. 2003. A Physicalist Manifesto：Thoroughly Modern Materialism. Cambridge：Cambridge University Press.

Penrose R. 1994. Shadows of the Mind：A Search for the Missing Science of Consciousness. Oxford：Oxford University Press.

Penrose R. 1996. Beyond the doubting of a shadow：A reply to commentaries on shadows of the mind. Psyche：An Interdisciplinary Journal of Research on Consciousness Psyche，2：89-129.

Searle J R. 1980. Minds，brains，and programs. Behavioral and Brain Sciences，3：417-457.

# 致　　谢

本书工作的主要部分是我在国防科技大学进行博士后研究期间进行的。之后，在教学的业余时光，我断断续续地进行了修订与补充。

感谢国防科技大学原机电工程与自动化学院接受我的博士后研究申请，以及在研究中给予的资助与创造出的良好氛围，感谢我的工作单位对我外出进行博士后工作的允许。这是一段思想飞扬的美好人生时光。

衷心感谢我的指导教师马宏绪教授。从机器人工程上的教益、物质上的无私支持到精神上的指引和给予训练机会，他虽担心这一哲学研究可能会对我学术发展带来不利因素，但仍以实际的行动支持我进行这一研究，并期待我可以将机器人的认知研究切实推进。

感谢自动控制系的陈万林政委对我生活上、工作上的关心与帮助，郑志强主任对我研究上的关心；感谢周泽蕴参谋、洪钟参谋的热心帮助。

感谢模式识别与智能系统实验室的所有同事对我在这里工作与生活的指导、支持、帮助与关心。特别感谢胡德文教授长期的关心和无私的大力支持。感谢以下诸位教授和同事在日常中的讨论、启发以及给予我的帮助：韦庆、黄爱民、张辉、李迅、黄茜薇、沈辉、刘亚东、许昕、祝晓才、董国华。感谢刘建平教授鼓励我坚持进行这一类理论的研究。

诚挚感谢好友王建文、王剑、绳涛、彭胜军、李洪竣、税海涛、沈杰对我研究工作的支持、启发讨论与给予的友爱。

从对学术生涯的追求时间线上，反思自己对这一问题的研究，首先，要感谢我攻读硕士期间的导师谢晓方教授，出于对我在人工智能领域研究热情的保护，他引导我从更广阔的系统论、信息论和控制论的角度去分析理解信息科学的整体发展状况。其次，我要感谢清华大学计算机系指导我博士论文研究工作的孙富春教授和已逝的贾培发教授。孙教授给我创造了在人工智能实验室研究的宝贵机会并引领我去攻克认知建模问题。贾教授则为我创造了探讨仿人机器人的项目研究环境。然后，我要特别感谢毛睿博士，在与他的讨论中，他敏锐地向我指出需要首先关注人工智能是否可以包容非确定性系统。我还需要感谢清华大学自动化系的赵南元教授，他鼓励和引导我从哲学的角度分析基本的认知科学问题。最应当感谢的是我已逝的攻读博士期间的导师蒋兴舟教授，他无私地、充满着厚爱地为我创造机会，使我得以在自己感兴趣的领域里自由沉醉。

最后，感谢我的妻子、我们的父母以及女儿，家人们的督促和信任使本书最终得以完稿！